高等院校艺术设计类专业
案例式规划教材

中外室内设计史

■ 主 编 王 方 杨 淘 王 健
■ 副主编 刘晓萌

华中科技大学出版社
http://www.hustp.com

内容提要

　　本书在叙述设计历史的过程中，注重"古为今用""洋为中用"，强调设计艺术与历史人文的相互关联，从古典空间到现代案例都进行详细探讨，表明设计思想植根于社会与政治环境的背景。另一方面，本书也对地方民居等空间进行分析、研究，包括民居、公寓和城市普通居民住宅等，并以当代视角来诠释发展至今的中外各种建筑室内环境设计的历史。

　　本书可作为高等院校室内设计、环境设计、展示设计等专业的教学用书，对各类设计从业人员、艺术爱好者等也有较高的参考价值。

图书在版编目 (CIP) 数据

中外室内设计史 / 王方，杨淘，王健主编. —武汉：华中科技大学出版社，2017.9（2022.1重印）
高等院校艺术设计类专业案例式规划教材
ISBN 978-7-5680-2761-8

Ⅰ. ①中…　Ⅱ. ①王…　②杨…　③王…　Ⅲ. ①室内装饰设计 - 建筑史 - 世界 - 高等学校 - 教材　Ⅳ. ① TU238-091

中国版本图书馆 CIP 数据核字 (2017) 第 081373 号

中外室内设计史
Zhongwai Shinei Shejishi

王 方　杨 淘　王 健　主编

策划编辑：金　紫

责任编辑：陈　骏

封面设计：原色设计

责任校对：张会军

责任监印：朱　玢

出版发行：华中科技大学出版社（中国·武汉）　　　电话：（027）81321913
　　　　　武汉市东湖新技术开发区华工科技园　　　邮编：430223

录　　排：武汉楚海文化传播有限公司

印　　刷：湖北新华印务有限公司

开　　本：880mm×1194mm　1/16

印　　张：11

字　　数：234 千字

版　　次：2022年1月第1版第3次印刷

定　　价：69.80 元

前言
Preface

任何事物都有一个产生、发展、成熟的过程，室内设计也不例外。室内设计，不论是专业化的或是非专业化的，都是人们生活中不可回避的一部分。

在建筑中，室内设计与建筑设计相互联系、相互影响，只有将二者有机结合起来，才能为人们提供一个优美、舒适的居室环境。要完整地了解室内设计知识，不可避免地要了解中外室内设计发展史。由于中外历史文化起源不同，受文化传统、性格气质以及审美心理等无形因素的影响，中外室内设计的艺术风格迥然不同，同时也存在着某种程度的共同之处。我国的设计潮流除了受文化影响外，也受到政治的影响。直到 20 世纪 80 年代早期，中国才引进了西方的设计手法及思维。中国的设计，包括流行的风格、设计师的思维及对行业的尊重等，仍跟国外有很大区别。双方的设计路线及目标是一致的，只是所经历的发展阶段及所遇到的障碍不同。

在阶级对立的封建社会中，建筑的发展是片面的。建筑的创造者是劳动人民，但他们只有简陋破败的茅舍土屋，甚至一无所有。室内设计活动与建筑活动是密不可分的。也就是说，从有建造住屋的建筑活动的那天起，相应地也就有了室内设计的活动。中国的室内设计史伴随中华民族几千年的文明史而发展，它是中华民族博大精深的文化的一部分，并以统一的体系和独特的风格独立于世界之林。

通过历史来研究室内设计及其发展和变化对于探讨过去以及现代的居住生活都是很有用的。专业的室内设计师都希望研究设计史，以便知道过去各种"风格"的实际情况，因此利用书籍来整合室内设计史是很有必要的。

本书由王方、杨淘、王健担任主编，刘晓萌担任副主编。本书在编写中还得到以下同事、同学的支持，感谢袁倩、陈全、杜海、高宏杰、黄登峰、张泽安、罗浩、祁焱华、董卫中、曾令杰、施琦、柏雪、苏娜、孙双燕、桑永亮、李映彤、祖赫、朱莹、刘惠芳、秦哲为本书提供素材等。

编者
2017 年 5 月

目录
Contents

第一篇
中国室内设计史

在中华民族几千年的发展历程中，中国的建筑给世界留下了无数宝贵的财富。中国的建筑也以其独特的风格傲立于世界建筑史，从一定程度上影响了世界建筑的发展。室内设计作为建筑的重要组成部分，一直伴随着建筑的发展而不断发展。如今所说的中式风格正是中国室内设计几千年的积淀，所以中国室内设计的发展历程离不开中国的历史。任何事物都有一个从无到有的发展过程，建筑和室内设计也不例外。在我国，现代室内设计起步较晚，但是发展迅猛。

中国传统文化博大精深，中国传统室内设计是建立在中国文化和东方生活方式基础之上的，以其自身蕴含的哲学思想和文化特质而独树一帜。中国室内空间造型非常讲究空间的层次感，在需要隔绝视线的地方，使用传统的屏风，或具有现代气息的工艺隔断和简约化的现代中式博古架将空间分隔，使得室内空间表现出现代与传统相结合的层次之美。依据住宅使用人数和私密程度的不同，分隔出客厅、餐厅、厨房、卧室、走廊等功能各异的空间。然而在这些空间的创造过程中，各地区分别呈现出不同的形式特征，体现了明显的地域性差异。总体来说北方显得粗犷豪气，南方相对细腻秀气。

中国建筑以木见长，欧式建筑以石见长，两者在空间感、舒适度、安全性、环境气氛、使用效率等方面都有很大的差异。木材在中国是最为生动、最为活跃的建筑因素，具有举足轻重的地位。随着世界文化的交流，欧式的石质建筑以其不易腐蚀、强度更高、修建难度小的特性逐步取代了中国传统木质建筑。但是，木质建筑是中国千年文化的传承。在汶川地震中，木质建筑所表现出的独特的安全性再次唤醒了许多设计师对中国古代建筑的热情，如果能将中国古代建筑与现代建筑相结合，使室内设计不仅体现时代性还继承传统文化，将会产生更好的设计效果。由此看来，对传统文化的继承与发扬已经成为我国设计界的一种较为普遍的趋向。

第一章
古 代 时 期

学习难度：★★☆☆☆

重点概念：天花、藻井、木构架、斗拱、明清家具

章节导读

在中国传统建筑中，没有"室内设计"这一说法，常称之为装修或者陈设。中国是一个地域辽阔的多民族国家，从北到南，从东到西，地质、地貌、气候、水文条件变化很大，各民族的历史背景、文化传统、生活习惯各有不同，因而形成许多各具特色的建筑风格。古代社会发展迟缓、交通闭塞，使得这些特色得以长久保存。原始社会时期，人们在具备了一定的生存条件之后，开始对美有了要求，体现在装饰物上，出现了如文身、器物装饰等，室内设计便在此时期萌芽。春秋时期是我国建筑与装饰发展历程上的一个转折点。礼制的盛行，使得建筑与装饰带有了明显的等级色彩。两晋南北朝时期是又一个转折点，这一时期，佛教迅速传播，民族大融合，使得人们后期逐渐抛弃了席地而坐的习惯。秦汉、隋唐、明清时期是我国室内设计发展的三个高峰。

知名建筑赏析　北京紫禁城全景（图1-1）

图1-1　北京紫禁城全景

第一节
原 始 社 会

原始社会（约170万年前—约前21世纪）是人类产生之后所建立的第一个共同体，也就是人类历史的第一个阶段。

一、时代背景

原始时代又称石器时代，这是因为当时人类所用的工具和武器主要是石器。石器时代可分为三个阶段：旧石器阶段、中石器阶段、新石器阶段。旧石器阶段，人类使用粗糙的石器，能够制造简单的人体装饰品，这是初始的审美意识的体现。中石器阶段，人们打制细石器（图1-2），然后将其与骨、木柄连接，做成复合工具。新石器阶段是人类物质文化和精神文化发展史上的重要时期，人类开始进入半开化、半文明的时代。这一时期，人们能够磨制石器并掌握了制陶技术（图1-3）。

二、建筑形式

原始的居所建筑有两类：一是巢居；二是穴居。巢居适合地势低洼、潮湿而多虫蛇的南方，穴居适合地势较高的北方。巢居（图1-4）由树居演变而来，并逐渐演变为至今仍在流传的干栏式建筑，重要遗址是浙江余姚河姆渡村遗址（图1-5）；穴居（图1-6）最早是在地下挖坑，然后在上面建造简易窝棚，随着坑底的逐渐提高，演化成了后来的地面建筑和高台建筑，重要遗址是湖南省澧县彭头山遗址（图1-7）、河南新密莪沟遗址、陕西西安半坡遗址、陕西临潼姜寨遗址、河南郑州大河村遗址、陕西西安沣西遗址。

图1-3　陶制容器

图1-2　各式细石器

图1-4　巢居模型

图1-5 浙江余姚河姆渡村遗址　　　图1-6 穴居模型　　　图1-7 湖南省澧县彭头山遗址

干栏式建筑的特点

小/贴/士

河姆渡文化中的干栏式建筑的营建技术大致经历了打桩式和挖坑埋柱式两个阶段。干栏式建筑遗存主要发现于河姆渡遗址和鲻山遗址。

河姆渡遗址的干栏式建筑主要是由桩木、板桩、圆木组成的排桩及散落各坑的板材构成的；根据排桩的走向组合，推测至少有6组（栋）以上的长排式建筑。房屋依山而建，背山面水布置，地势低洼潮湿。这种以桩木为基础，其上架设大、小梁（龙骨）承托地板，构成架空的建筑基座，于其上立柱架梁的干栏式木构建筑，是对原始巢居的直接继承和发展。直径1 m左右，残高0.5 m，由直径20～60 mm的小桩木组成的圆形栅栏可用来圈养家畜。建筑构件用榫卯连接，榫卯构件的种类主要有柱头及柱脚榫，上端为榫头榫，用以连接屋梁；下端为柱脚榫，用以连接地袱或地龙骨。梁头榫，在圆木上端加工成榫头，使其截面高与宽之比接近4∶1的黄金比例。带销钉孔的榫，在榫头中部凿有一个圆孔，用以插销钉，防止构件在受拉力作用下脱榫。

三、空间特征

空间作为建筑的主体，其作用可见一斑。早期穴居的平面形式都是圆形的，而结构形式有两种：一种是坑沿插木棍，向中心集中，搭成圆锥形的骨架，再在上方横架树枝，表面盖草或者抹草泥；另一种是在坑的中间架立柱。后期，逐渐有了矩形平面的穴居和房屋，也有了圆形和矩形平面杂处的群体。从总体上看，圆形平面逐步演化成矩形平面的主要原因是后者使用起来更合理。

在内部空间中，原始时代的房屋虽然空间组织比较简单，但也大致做了功能上的划分。当时人们已经有了合理利用空间的意识。在外部空间中，原始村落的布局往往采用向心式，虽然大部分仍然比较杂乱，但距今4000多年的淮阳平粮台城堡遗址则相对规则，房屋朝向几乎全为南北向，说明当时人类已经注意到了朝向的问题。

四、装饰内容

1. 墙体

墙面，最早是用树枝构成的，后来逐渐出现土墙面和白灰墙面，再晚一点出现了土坯墙和夯土墙。墙面已有简单的装饰，包括半坡房屋遗址中的锥刺纹样、姜寨和北首岭遗址中的几何形泥塑以及刻画的平行线和压印的圆点图案等。随后还出现了彩绘图案和几何形图案。

2. 地面

当时的地面处理方式是用火烤或者石灰铺垫。

3. 纹样

半坡彩陶的纹饰以动物形象和动物纹样为主，鱼纹最普遍。新石器时代的陶器纹饰开始出现了抽象的几何纹。

4. 家具物品

当时室内放置的物品虽不作陈设用，但确实兼具艺术性和实用性。如以彩陶和黑陶为代表的陶器，彩陶最早发现于河南渑池县的仰韶村（图1-8），黑陶是山东龙山文化中的著名代表（图1-9）。还有各式各样的彩绘的漆器和编织的供人坐卧的铺垫。

图1-8 仰韶文化彩陶

图1-9 黑陶盛储器

第二节
奴隶社会

公元前 21 世纪时夏朝的建立标志着我国奴隶社会的开始。从夏朝起经商朝、西周，奴隶社会达到鼎盛时期，春秋开始向封建社会过渡。

一、时代背景

夏王朝的统治中心是在嵩山附近的豫西一带，在河南偃师发掘的二里头文化遗址被认为是夏末的都城。在遗址中发现了大型宫殿和中小型建筑数十座，反映了我国早期封闭庭院的样貌，也表明夏代已经进入青铜时代。夏代既是奴隶社会的初期阶段，也是青铜时代的初期阶段。

商族首领汤推翻了夏桀的统治，大约于公元前 17 世纪建立了商朝。商朝是我国奴隶社会的大发展时期，其统治区域以河南中部黄河两岸为中心，东至大海，西至陕西，南抵安徽、湖北，北达河北、山西、辽宁。此时的青铜工艺已达到了相当成熟的程度。商朝后期迁都于殷，它不仅是商王国的政治、军事、文化中心，也是当时的经济中心。

周朝是中国历史上继商朝之后的一个世袭王朝，分为西周（公元前 1046 年—前 771 年）与东周（公元前 770 年—前 256 年）两个时期。其中东周时期又称春秋战国时期，分为春秋及战国两个阶段。其中西周是中国第三个也是最后一个世袭奴隶制王朝，其统治者制定了一套严格的礼乐制度，对后世造成极大影响。

森严的等级制度

小/贴/士

在屋顶式样中，等级由高到低排列分为庑殿顶、歇山顶、悬山顶、硬山顶。故宫太和殿是天子的朝堂，为最高等级的重檐庑殿顶，比重檐歇山顶的天安门等级更高。

开间数，通常有九、七、五、三等开间数。九为单数最大，因此九开间建筑一般都为皇帝专用。如天安门为九开间，进深五开间，就是取皇权至高无上之意。

在建筑色彩方面，等级由高到低排列依次为黄、红、绿、蓝。故宫建筑属皇家所有，一般为黄顶红墙。一般来说，除文庙外，其他建筑采用黄顶红墙属僭越。

在彩画式样方面，和玺彩画为皇帝专用，旋子彩画一般为大型寺庙所用，苏式彩画才能为一般民众所用。其他的如屋上翘角的多少、中间踏步道、方位等，也都据使用者的身份不同而有等级的划分。

二、建筑形式

1. 夏代

夏代曾先后在阳城、安邑等地建都。在河南登封高成镇北面嵩山南麓王城岗发现了4000年前的遗址，可能是夏朝初期的遗址。其中包括两座城堡，西城平面略呈方形，筑城方法比较原始，是用卵石做夯具筑成的，这说明夏代已有筑城经历。从河南偃师二里头（图1-10）发掘的两座大型宫殿基址看，夏末已有宫殿、宗庙等建筑，且比夏初规模更大更豪华。

2. 商代

商代前期的城址已发现了多座，分别为河南郑州商城城址、河南偃师尸乡沟商城遗址、湖北黄陂盘龙城城址，晚期的是河南安阳殷墟遗址（图1-11），这些城址中都有宏伟的宫殿。其中殷墟遗址范围约30 km²，中部紧靠洹水，曲折处为宫殿，西面、南面有制骨、冶铜作坊区（图1-12），北面、东面有墓葬区。

3. 西周

西周的建筑有两部分，一部分是商灭之前的西周原建筑，另一部分是商灭之后的丰镐建筑（图1-13）。前者主要是周公在周原营造的都城，原址在今陕西的岐山和扶风。岐山凤雏遗址（图1-14）是一座相当严整的四合院式建筑，由两进院落组成。湖北蕲春西周木架建筑遗址内留有大量木桩、木板及方木，并有木楼梯残迹，故推测是干栏式建筑。类似的建筑在附近地区及荆门市也有发现，说明干栏式木构架建筑可能是西周时期长江中下游一

图1-10　河南偃师二里头遗址复原图

图1-11　河南安阳殷墟遗址

图1-12　冶铜作坊区遗址

图 1-13　丰镐建筑遗址俯视图

图 1-14　岐山凤雏遗址平面图

种常见的居住建筑类型，对照浙江余姚河姆渡原始社会建筑，可以看出其渊源关系。瓦的发明是西周在建筑上的突出成就，制瓦技术是从陶器制作发展而来的。

三、空间特征

夏商与西周的建筑，平面大都为矩形，尺度较大，有的还有前廊和围廊。

在内部空间中，此时的建筑，"开间"的概念已经相当明确，由此，空间的功能分区也就更合理。二里头宫殿"前堂后室"的空间布局是中国宫殿的最初形态。到了商代，"堂"和"室"分别布置在不同的建筑中。综合以上来看，其空间组织的发展使功能划分更加明确；因功能性质的不同，分别采用了开敞式空间和封闭式空间；房间比例良好；突出了"堂"的地位；回廊设置合理。平民的住屋也有了很大的进步，丰镐遗址中出现了一种土窑式建筑，这种窑洞在当今的陕北、豫西等地仍然很流行。在外部空间中，夏商与西周时代的宫殿建筑，大致都采用庭院式布局。**庭院作为室内空间的延伸和补充，不仅有独特**

的实用价值，也能烘托一种宁静的气氛。

四、装饰内容

1. 墙体

夏商与西周的建筑，可以明显划分为台基、屋身、顶层三大段。这是传统建筑的一个重要特征。这一时期，夯土技术发达，故许多建筑都建在高台上。到西周时期，夯土墙、土坯墙的应用范围极为广泛。夯土墙两侧为夹板夯筑，夯锤也由原来的单锤发展至多头锤。墙面装饰在继承原始时代木骨泥墙做法的基础上，发明了涂墁做法，即用细泥掺和沙子、白灰泥来涂饰墙面。还对墙面和木构件进行彩绘或者雕刻美化。

2. 地面

涂墁也应用于地面，地面颜色常为黑色。

3. 纹样

此时的装饰题材和纹样大致分为四类：一是自然界中实有的生物；二是自然界中实有的现象；三是现实生活中实有的器物与几何纹；四是看似动物但现实中却

不存在的神秘纹样。

4. 家具物品

斗拱（图1-15）是中国传统建筑中最具特色的要素。本身为结构构件，为支撑屋檐而设计。斗拱具有实用性与装饰性。最初的斗拱都在屋檐下，不属于室内装修要素，后来逐渐发展至室内，因此成了室内装修的一部分。魏晋之前，人们都是席地而坐的，因此，夏商与西周的家具虽有不少类型，但也不完善。现已发现的陕西陶寺出土的数件木案（图1-16）为夏代家具。根据甲骨文残片记载可发现商朝已经有了床。

商代的陶器发展有两项成就：一是出现了原始瓷（图1-17）；二是出现了刻纹白陶（图1-18）。织物有丝织品和麻织品，青铜器（图1-19）数量众多且形质兼备。

图1-15 斗拱

图1-16 夏代木案复原图

图1-17 商朝原始瓷器

图1-18 商朝刻纹白陶

图1-19 商朝青铜器

斗拱

小贴士

斗拱（图1-20）是中国古代建筑中特有的一种结构。在立柱和横梁交接处，从柱顶上一层层探出成弓形的承重结构叫拱，拱与拱之间垫的方形木块叫斗，合称斗拱，也作枓栱、枓拱。斗拱是中国古代建筑中特有的形制，是较大建筑物的柱与屋顶之间的过渡部分。其功用在于支撑屋檐，

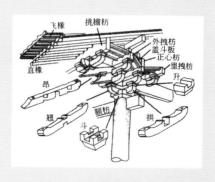

图1-20 斗拱的基本构造

将其重量直接集中到柱上，或间接纳至额枋上再转到柱上。只有非常重要或带纪念性的建筑物，才有斗拱的安置。

斗拱依其部位或时代不同而有不同名称，如宋代称置于一般柱头、转斜角柱头和阑额上的斗拱为柱头铺作、转角铺作和补间铺作，清代则分别称为柱头科、转角科和平身科等。最早的斗拱形象见于西周青铜器命簋上所用的栌斗，在战国青铜器刻纹中也有成组的斗拱。汉代画像石、画像砖、壁画、明器、石阙和墓室中都有成组的斗拱，多为柱头铺作。唐代斗拱已达到成熟阶段，已有补间铺作，大多只有一朵，比柱头铺作简单。

目前对斗拱的起源有三种说法：一种认为由井干结构的交叉出头处变化而成；一种认为由穿出柱外的挑梁变化而成；一种认为由擎檐柱演化为托挑梁的斜撑，再演化成斗拱。

小／贴／士

第三节
封建社会形成期

战国、秦、汉是封建社会的形成和初步发展阶段。

一、时代背景

西周末年，西周对犬戎作战失利，被迫迁都洛阳，是为东周。东周又分两个阶段：公元前 770 年至公元前 476 年为前期，史称春秋；公元前 475 年至公元前 221 年为后期，史称战国。这一时期，是奴隶制逐步走向消亡，封建制度逐步建立和巩固的时期。此时，经济由于铁器的使用而得到发展。生产技术的提高，使农业和手工业有较大进步。在此基础上，商业繁荣，城市发展，交通便利，也为文化交流创造了良好的条件。

春秋战国时期，教育普及，文人游说之风渐盛，学术讨论的氛围很浓。阴阳、法、道、儒、墨、名、法等百家争鸣，对当时和以后的文化发展都起到了积极的作用。

秦王嬴政横扫六国，建立了中国历史上第一个专制主义、中央集权制的封建帝国——秦朝，也使秦成为了中国历史上第一个真正实现统一的王朝。秦始皇统一全国后，大力改革政治、经济、文化，统一法令，统一货币和度量衡，统一文字，修驰道通达全国，筑长城防御匈奴。另一方面，又集中全国人力物力与六国技术成就，在咸阳修筑都城、宫殿、陵墓，历史上著名的阿房宫（图 1-21）、秦始皇陵（图 1-22），至今遗址犹存。

公元前 206 年，刘邦定都长安，史称西汉。公元 25 年，汉宗室刘秀迁都洛阳，史称东汉。两汉历时 400 余年，是我国封建社会发展史上的第一个强大、兴盛而又统一的国家。社会生产力的发展促使建筑产生显著进步，形成我国古代建筑史上第一个繁荣时期。

二、建筑形式

春秋时代的大小诸侯国争建自己的国都和小城廊，城池规模不一，规划也不合乎西周之制。现已发现的城址有洛阳王城、临淄齐城、邯郸赵城等。有城就有宫、室、苑、台、榭。此时的宫殿，大多为高台建筑，重要的建筑均布置在中轴上。春秋战国时

代斗拱的应用更普遍，建筑装饰更华美，土坯墙和板筑墙的技术更成熟，宫殿建筑的屋顶几乎全部用瓦。园、囿观念早已形成，如周文王造灵台、灵沼等，但那时的园林并未成为独立的门类。至春秋战国时期，园林建筑已具有更多的世俗性。

秦都咸阳的布局具有独创性，它摒弃了传统的城郭制度，在渭水南北范围广阔的地区建造了许多离宫。在辽宁绥宁渤海湾西岸发现了秦始皇东巡碣石时所建的行宫遗址，即姜女石遗址碣石宫（图 1-23）。占地约 150 亩，前殿面积最大，地势最高，其余房屋形成大小院落，分布于前殿后侧。殿区及各建筑的散水、排水管、涵洞等设施较为完备。

汉代建筑发展的突出表现就是木架建筑渐趋成熟，砖石建筑和拱券结构有了很大的发展。根据当时的画像砖（图

图 1-21　阿房宫正面

图 1-22　秦始皇陵兵马俑

图 1-23　姜女石遗址碣石宫

1-24）、画像石等间接资料来看，后世常见的抬梁式和穿斗式两种主要结构形式已经形成。作为中国古代木架建筑中具有代表性的结构——斗拱，在汉代已普遍使用，但远未像唐、宋时期那样达到定型化程度，其结构作用较为明显。木结构技术的进步也使得屋顶形式多种多样，如在宫殿建筑中悬山顶（图1-25）和庑殿顶（图1-26）的普遍使用。

总的来说，秦汉建筑有以下发展成就：一是类型丰富；二是建筑技术进步；三是中国传统建筑的构图方式基本确立；四是群体布局更受重视；五是更注重色彩与装修，建筑与绘画、雕刻工艺相结合。

图1-24　汉代画像砖的内容

13

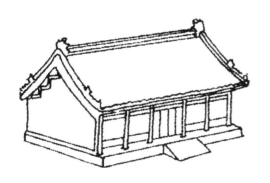

图1-25　悬山顶示意图

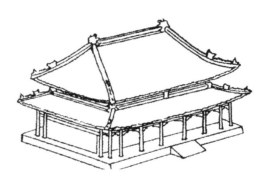

图1-26　重檐庑殿顶示意图

中国古建筑为何多用木?

小／贴／士

明代有一名造园学家，姓计名成，字无否。他写了一部关于造园的著作，叫做《园冶》。

他的观点是人和物的寿命是不相称的，物可传至千年，人生却不过百岁。我们所创造的环境应该和自己预计可使用的年限相适应便足够了，何苦要求子孙后代在自己创立的环境下生活呢，何况子孙也不一定满意我们的安排（见《园冶》卷一第五节）。

在城市的新陈代谢过程中，这是一种很现实的态度。这也难怪中国会出现如此多木结构的"临时建筑"。

三、空间特征

春秋战国时，建筑平面日趋多样化。居住建筑有圆形的、双圆相套的、方形的、矩形的等多种平面形式。秦汉建筑无论是宫殿还是住宅大都采用矩形平面。

1. 春秋战国

此时住宅中已有"一堂二内"的雏形。功能更加复杂的宫殿和庙宇，也是遵循公开和私密部分相分离，即内外有别的原则组织的。此时回廊和庭院式布局已经很普遍，高台建筑和苑囿又兴盛起来。

2. 秦汉

秦汉建筑的内部空间结构与建筑的规模、性质密切相关。其功能划分有几个不同的层次。大者为巨型组群，次之为若干院落，再次为单体建筑，最小空间为建筑中的堂室。但不论大小如何，均将堂室分开，即采取"前堂后市""前朝后寝"的形式。秦汉建筑群体的组织形式大致有三种：一是"外实内虚"，即所有建筑都将门窗开向院落，而院落是空心的，呈向心状布置；二是"内实外虚"，即主要建筑位于院落中心，周围要素尺度小且气势弱，秦汉礼制建筑大多采用这样的结构；三是"自由式"，即内外空间视情况灵活布局。此外，虽然借景手法对秦汉时代来说在理论上和实践上都不成熟，但建筑中已出现借景的迹象。**秦代宫室的布局，追求与天同构的意境，即极力模仿天象。**

四、装饰内容

1. 墙体

春秋战国继承了前代的建筑技术，在砖瓦及木结构装修上又有新的发展，出现了斗拱装饰用的初始的彩画。秦汉宫殿的墙壁大都由夯土和土坯制成，其表面先用掺有禾茎的粗泥打底，再用掺有米糠的细泥抹面，最后以白灰涂刷。另一种方法是以椒涂壁法，进而将这种宫室称为"椒宫"。还有一种是彩色壁画，**壁面刷白后，分别于不同方位涂上不同颜色。**秦汉开始用比较正规的藻井彩画装饰木构件，并以金银珠宝做装饰，以显示建筑之高贵。

2. 地面与木结构

春秋战国时期出现了专门用于铺地的花纹砖（图1-27）。秦汉时期多用铺地砖的方法铺装地面，用兽毛和丝麻织成的毡与毯铺地。

图1-27　战国时期图案花纹方砖

3. 壁画

春秋战国时期已经出现了壁画（图1-28），它们不但具有装饰的作用，还具有教化的意义。秦汉时期是中国绘画史上一个繁荣而有生气的阶段。壁画内容主要为历史故事、功臣肖像、生活情景等，以写实画法为主（图1-29）。一般画在某面墙或四面墙上，或画在藻井上。壁画当时不属于纯艺术，还带有教育的属性。此外，还出现了画像石和画像砖。

图 1-28　战国时期壁画牛车图

图 1-29　汉代人物壁画

4. 纹样

战国时期的纹样形象生动，装饰性强，贴近生活，少了殷商时期的神秘气息，此时应用最多的是饕餮纹。秦汉时期的纹样大多体现在织物上，仍以几何纹、自然纹和动物纹为主，但更加生动和图案化。此外，将文字运用到装饰中使得构图更加严谨，图面更加匀称。

5. 家具物品

（1）春秋战国时期的斗拱比以前的斗拱更完善。此时已有多种木工工具，大大促进了家具的发展。战国时期木制家具有几、屏风、竹席、案、架等，青铜家具已逐渐减少。铜器铸造技术变得更加成熟与多样。丝织物精美，漆器品种多样。考古发现了当时的四种铜灯造型：豆形灯、簋形灯、连枝灯（图 1-30）、人形灯（图 1-31）。盆栽、盆景也已具雏形。

（2）秦汉时期斗拱已基本成型，逐渐用于室内装修。茵席分为筵和小席，前者铺在地上，后者作为人坐时用的垫子。床向高型化发展，榻向大型化发展，并以床榻为起居中心，此时已有胡床。因家具向高型发展的趋向，床前榻前设几、设案的情况也多了起来。箱、柜的使用大约始于夏、商、周三代。古代的箱原指车内存放衣物的地方，而古代的柜才类似于今天的箱。汉代的柜，门向上开，主要用于存放衣物。汉代已普遍使用屏风，从材质上看，有木屏风、玉屏风和云母屏风等；从功能上看，秦汉屏风有座屏、床屏和折屏。铜器如铜镜（图 1-32、图 1-33）和铜炉，已脱离庙堂进入人们的日常生活。

漆器（图 1-34、图 1-35）已经代替了青铜器，

图 1-30　战国连枝铜灯

图 1-31　战国人形铜灯

图1-32　秦代头版四乳压圈
　　　　带四龙铜镜

图1-33　汉代鎏金铜镜

图1-34　秦代鸟云纹圆盒漆器

图1-35　汉代描金变形云凤
　　　　纹漆器鼎

16

图1-36　汉代彩绘鱼雁铜灯

图1-37　汉代长信宫灯

相比战国时期品种更为丰富。

　　考古发现的秦代铜灯有鼎形灯，汉代铜灯有器皿形灯、动物形灯（图1-36）、人物形灯（图1-37）、连枝灯。汉代丝绸之路的开拓，促进了纺织品的发展，增加了室内环境的装饰元素，如帷幔、帘幕等。

小/贴/士

几和案

　　人们常把几和案并称，因为两者在形式和用途上难以划出明确的界限，几是古代人们坐时依凭的家具，案是人们进食、读书写字时使用的家具，其形式早已完备。

　　几和案的形式很多，且有各自的用途，在厅堂殿阁的布置上，和其他家具一样，也各有其特点。案几是受了唐代燕几的启发，并随着使用的要求有所改变而形成的。燕几是在唐代创制的，是专用于宴请宾客的几案，其特点是可以随宾客人数多少而任意分合。案的造型的突出特点为案腿不在四角，而在案的两侧向里收进一些的位置上。两侧的案腿间大都镶有雕刻了各种图案的板心或各式圈心。而几与案只是形制不同，长短大小相差无几，但几多呈长条形。案几既可用于放置器物也可用于宴享。明清时，案几有了进一步发展，造型独特，用料考究，而且在雕饰方面更加华美。

第四节
封建社会分割期

三国、两晋、南北朝时期是封建国家和民族大融合的阶段。

一、时代背景

从东汉末年经三国、两晋到南北朝，是我国历史上政治不稳定、战争破坏严重、长期处于分裂状态的一个阶段。由于晋室南迁，中原人口大量涌入江南，带去了先进的生产技术与文化，加之江南地区战争破坏较少，因此东晋以后南方经济文化迅速发展。北方地区则由于连续不断的战争，经济遭到严重破坏，人口锐减，直至北魏统一北方，才出现较为稳定的政治局面，使社会经济得以恢复。

二、建筑形式

这一时期，社会生产的发展比较缓慢，在建筑上主要是继承和运用汉代的成果。城市规划与建设没有突出的成就。由于佛教的传入引起了佛家建筑的发展，如佛塔（图1-38）、石窟、佛寺（图1-39）。并带来了印度、中亚一带的雕刻、绘画艺术。园林在这一时期有了新的发展契机，私家园林逐渐以士人园林为主。

三、空间特征

宫室的内部空间基本沿袭了秦汉的形制。此处重点讨论一下佛教建筑石窟的内部空间形式。一共有四种石窟形式：一是近似印度的支提窟，为中心塔柱式，如云冈石窟（图1-40）；二是覆斗式石窟，中间没有中心塔柱，如天龙山石窟（图1-41）；三是毗诃罗式石窟，窟型很少，

图1-38 河南省登封市北魏嵩岳寺砖塔

图1-39 南京市栖霞区南齐栖霞寺

图1-40 山西大同武周山南麓云冈石窟

图1-41 山西太原市天龙山石窟

只见于北朝；四是有檐式石窟，即带有石檐。

四、装饰内容

1. 墙体

此时的建筑多在墙上、柱上及斗拱上面作涂饰。

2. 地面

地面以土、砖为主。

3. 纹样

在承袭秦汉传统的基础上，增加了许多具有佛教色彩的图案，如莲花、火焰、

飞天等。

4. 壁画

继承并发扬了汉代的绘画艺术，并逐渐成为独立的艺术门类，绘画题材多样，对表现现实生活显露兴趣，特别重视肖像画。

5. 斗拱

此时许多木结构表面都绘有绚丽多彩的彩画，彩绘纹样多为二方连续展示的卷草、缠枝等，高雅华美，为隋唐的装饰风格奠定了基础。

小／贴／士

古代的颜料是怎样制作的？

古代所用的颜料，基本上都是矿石颜料。常用的颜料有朱砂、赭石、雄黄、石青、石绿、石墨、黄金、胭脂、铅粉等。

在研磨过程中，由于颗粒的大小不同，使颜色有深浅的变化，随着颗粒逐渐变细，颜色也依次变浅。

淘，就是把研磨过后的颜料泡到水中淘洗；澄，就是淘洗过后加入胶水，使其澄清；飞，就是把上浮的较轻的颜料撇出；跌，就是把沉淀的较重的颜料取出。这个过程要反复进行，直到飞不出为止。有了原色之后，如果需要其他种类的颜色，就可以用原色进行调色。

一般所有的颜料都是一次配好，加入一份胶、四份水，搅匀存好就可以使用了。另外在颜料中加矾，即明矾，可起防霉防潮的作用。

---

6. 家具物品

这时的高型坐具有凳椅、胡床和筌蹄。沿用秦汉以床榻为中心的起居方式，尺度相对来说更大一些，并有了汉代少见的架子床。几案有了新发展，出现了弧形几和陶凭几，书案多用直腿代托泥。屏风此时依旧流行。此时已有制作工艺达到完善阶段的青瓷（图1-42），它已逐渐取代了铜器和漆器，此外还有黑釉瓷（图

1-43）、黄釉瓷（图1-44）和白瓷（图1-45），为生产彩瓷创造了条件。

此时的器物有罐、尊、壶、碗、盘、盂、熏炉、洗、灯等多种，造型重实用，风格更朴素。丝织技艺进步，加入了西方文化元素。铜镜类型众多，沿袭东汉的式样和做法。此时仍有铜灯和陶灯，但瓷灯已有取代铜灯的趋势。石灯（图1-46）也开始被使用，并有了多种造型的烛台（图1-47）。

图1-42　南朝青瓷莲花尊

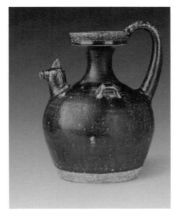
图1-43　东晋黑釉鸡首壶

图1-44　北齐黄釉绿彩刻莲瓣纹四系罐

图1-45　南北朝白瓷莲瓣四系罐

图1-46　胡人驯狮石灯

图1-47　西晋青釉狮形烛台

胡床、方凳、筌蹄

小/贴/士

1. 胡床

胡床是一种便携坐具，它来自西北游牧民族。胡床由8根木棍组成，两只横撑在上，坐面由棕绳联结，两只下撑为足，中间各两只相交作为支撑，相交处用铆钉穿过作轴，造型简洁，使用方便。

2. 方凳

在众多的石窟造像和壁画中，我们得知佛与菩萨的坐具——佛座，是千姿百态、极为丰富的。有方形的、圆形的、腰鼓形的，有三重、五重的、七重的，有实才的，也有空透的，装饰有壶门、开光、莲花图案……这种高型家具，也随着佛教文化进入了人们的生活。墩的出现，对于我国家具品种的丰富，尤其是对于凳类家具的发展，起到了至关重要的作用。而这些佛座的造型，又可大致分为腰鼓形和方形两类。

3. 筌蹄

筌蹄即后来所称的绣墩唐代仍称筌蹄，至五代、宋代方改称绣墩，多见于佛教石窟寺壁画或雕刻，如敦煌莫高窟西魏第 285 窟壁画和洛阳龙门石窟北魏莲花洞壁面雕刻，后来出土或传世的石刻佛座也常为筌蹄。

第五节
封建社会繁荣期

隋唐五代时期，是封建社会的繁荣阶段。

一、时代背景

隋朝统一中国，结束了长期战乱和南北分裂的局面，为封建社会经济、文化的进一步发展创造了条件。纠正了北朝以佛教为国教和南朝盛行清淡的偏向，艺术上有许多新成就。建筑上主要是兴建都城，以及大规模的宫殿和苑囿。留下的著名建筑物有河北赵县安济桥（图 1-48），它是世界上最早出现的敞肩拱桥。

唐朝前期百余年的全国统一和相对稳定的局面，为社会经济文化的繁荣昌盛提供了条件。当时的统治者对商业采取宽松的政策，商品贸易和文化交流空前活跃，敢于和乐于吸收外来文化及融合各民族的文化，此外手工业十分发达，建筑技术和艺术也有巨大发展（图 1-49）。

在建筑上，五代时期主要是继承唐代传统，很少进行新的创造。仅吴越、南唐石塔和砖木混合结构的塔有所发展。

二、建筑形式

隋唐时期的城市中最主要的是两都：长安和洛阳。长安与洛阳的主要宫殿是长安的太极宫、大明宫和洛阳的洛阳宫。隋唐的木结构建筑在技术和艺术方面已经完全成熟，园林建设达到全盛阶段，包括极具气派的皇家园林、造园艺术大为提高的私家园林和兼有城市公共园林性质的寺观园林。隋唐住宅已无实物，资料主要来源

图 1-48　河北赵县安济桥

图 1-49　山西五台山佛光寺大殿

于绘画等。总体来说，隋唐建筑具有以下特点：一是富有独创精神，多有时代特色；二是整体风格统一，具有质朴、自然、雄浑、豪爽的气质；三是规模宏大，恢弘壮阔；四是建筑的装修水平和相关艺术的水平很高。

三、空间特征

隋唐宫殿体量较大，除一般矩形平面外，还有多个矩形串联或围合的平面。佛寺多用矩形平面，住宅遗存较少，从绘画、雕刻等资料来看，平民住宅大多为3间式平房，大型宅第多为平房或平房与楼房组成的院落。从空间组织角度看，宅院是多个空间的组合体。隋唐宅院内外关系明确，主次空间分明，整体布局紧凑，功能分区合理，在多空间的连接、过渡等方面已经达到了相当纯熟的程度。

四、装饰内容

1. 墙体
隋唐建筑的墙壁多为砖砌，宫殿、陵墓尤其如此。木柱、木板常涂成赭红或朱红，土墙、编笆墙即砖墙常抹草泥并涂白。

2. 地面
地面多用铺地砖装饰，有素砖、花砖两类，花砖的花纹多以莲花为主题。

3. 顶棚
顶棚的做法主要有"露明"和"天花"。天花按做法分为软性天花、硬性天花和藻井（见图1-50）。

4. 壁画
隋唐五代的壁画在中国艺术史上占有重要的地位。主要有石窟壁画（图1-51）、寺观壁画、宫殿壁画和墓室壁画（图1-52）。此时的壁画仍然保持着注重表现现实生活的传统，艺术水平更高。

5. 斗拱
初唐时，斗拱技艺已经跨入成熟期，盛唐时，达到完全成熟的程度。成熟的主要标志有以下几点：一是承托、悬挑功能已经完善；二是形制已经完备，形成了规范化的斗拱系列；三是斗拱已从孤立的节点托架联结成整体的水平框架。

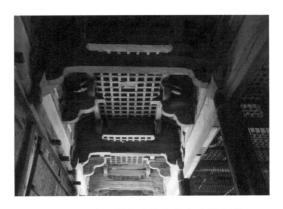
图1-50 山西佛光寺的唐代东大殿天花

图1-51　唐代敦煌石窟壁画　　　　　　　　　　　图1-52　唐朝李思摩墓壁画

6. 纹样

隋唐五代的装饰纹样题材丰富，格调明朗，构图严谨，与此前的纹样相比，具有更强的生活气息。主要有几何纹样、动物纹样、植物纹样、表现人物故事和神话传说的纹样。

7. 家具物品

隋唐时期，家具以雍容华贵为美，有刻意追求繁缛修饰的倾向。至五代时，家具风格改为崇尚简洁，为宋代家具风格的形成打下了良好的基础。

坐凳种类繁多，有四腿小凳、圆面圆凳、腰凳和长凳。椅子有扶手椅、圆椅（图1-53）、四出头官帽椅和圈椅（图1-54）等多种。床有四腿式和壶门台座式两类。案有平头案和翘头案（图1-55），书案演变为直腿带托泥，案面转化为翘头的或卷沿的，此时的桌案已进入高型家具的行列。箱有木质、竹质、皮质三类，且有长方形和方形盝顶等不同形式。柜多为木制，板作柜体，外设柜架，多数横向设置，有衣柜、书柜、钱柜等多种类型。唐代屏风以立地屏风（图1-56）为多，屏风主要有两类，即折屏与座屏，木制骨架上以纸或棉裱糊，士大夫比较喜欢素面的，而屏风上绘以山水花鸟也是一种风格。金银器工艺精美，生产规模宏大。唐代铜镜在造型上已突破了汉式镜，如菱花镜（图1-57）、葵花镜（图1-58）、方亚形镜等。

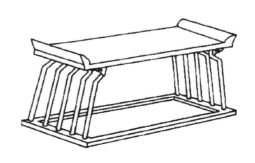

图1-53　唐代圆椅　　　　　　图1-54　唐代圈椅　　　　　　图1-55　唐代翘头案

图 1-56 唐代立地屏风　　　　图 1-57 唐代宝相菱花镜　　　　图 1-58 唐代双鸾葵花镜

　　唐朝陶器中，最著名的是唐三彩（图1-59），此时陶器器型增多，多带手柄（图1-60），注重实用功能、**大量采用生活气息浓郁的花草题材，造型设计更加丰富多彩，多采用仿生造型。**织物被用作幔帐，形成虚空间，其次用作桌布和板凳垫，再次是作为小饰物。在室内设计中，引入了山、石、水、花等景物，如根雕、盆花。宫廷中出现了照明和装饰并重的宫灯，民间多用瓷灯、陶灯和石灯。**此外因为蜡烛的出现，也有了承托蜡烛的烛台。**

图 1-59 唐代三彩骆驼　　　　图 1-60 唐代邢窑白瓷执壶

小／贴／士

唐三彩的来历

　　三彩釉陶始于南北朝而盛于唐朝，它以造型生动逼真、色泽艳丽和富有生活气息而著称，因为常用三种基本色，又在唐代形成鲜明特点，所以被后人称为"唐三彩"。

　　唐三彩不仅在唐代风行一时，而且畅销海外，考古学家在印度、日本、朝鲜、伊朗、伊拉克、埃及、意大利等十多个国家发现了唐三彩的踪迹。

第六节
封建社会融合期

辽、宋、夏、金时期是民族融合进一步加强和封建经济继续发展的阶段。

一、时代背景

五代十国时期分裂与战争不断的局面以北宋统一黄河流域以南地区而告终，北方地区则有契丹族的辽政权与北宋相对峙。北宋末年，起源于东北长白山一带的女真族强大起来，建立金朝，向南攻灭了北宋，又形成南宋与金对峙的局面，直至蒙古灭金与南宋建立元朝为止。

北宋在农业、手工业和商业上都有发展，有不少手工业部门的发展超过了唐代的水平，科学技术也有了很大进步，产生了指南针、活字印刷和火器等伟大的发明创造。由于两宋手工业与商业的发达，使建筑水平达到了新的高度。

至于辽、西夏、金等少数民族政权，其政治制度和生产水平相对落后，但由于能够吸收汉民族的生产技术和思想文化，很快便进入了以农业经济为主的封建社会，并与汉族一起进行了新的文化创造。这一时期其文化艺术明显受宋代文化艺术的影响，但同时也显现出各民族文化艺术的活力与个性。

二、建筑形式

两宋时期，城市结构和布局（图1-61）有了根本变化，突破了唐代的里坊制度。木架建筑采用了古典的模数制，北宋时颁布的《营造法式》，总结了木结构建筑的形制和做法。建筑组合方面，在总平面上加强了进深方向的空间层次，以便衬托出主体建筑。建筑装修与色彩也有了很大发展。砖石建筑的水平达到了新的高度。对于住宅建筑，平民住所多取四合院的组合方式，贵族官僚的宅院内居住面积增加，回廊多被廊屋所代替。南宋时，住宅与自然环境相结合，大多依山傍水。宋代的私家园林建造达到了一个新高度，数量质量均有提高，以致超过皇家园林成为中国园林的新主流。

辽代建筑吸取唐代时北方的传统做法，工匠多来自汉族，因此较多地保留了唐代建筑的手法，但辽代墓室除采用方形、八角形外，还采用了圆形平面，这是一大特色。金朝建筑既沿袭了辽代传统，又受到宋朝建筑的影响，建筑装饰与色彩比宋更富丽。西夏佛教盛行，建筑受宋影响，同时又受吐蕃影响，具有汉藏文化双重内涵。

图1-61　北宋《清明上河图》局部

三、空间特征

宋代都城汴京的规模和气势远不如唐，特别之处在于广泛使用工字形平面。中国传统建筑以"间"为中心，又以木结构承重，体型的变化，特别是高度方向上的变化受到了一定的限制。但宋代有了突破，使建筑空间的形式变得更加丰富，首先，表现在水平方向上的变化，即改变开间与进深的数量，或减柱或移柱。其次，表现在垂直方向上的变化，即在垂直方向上变换空间，以满足特定的功能要求和创造此前少有的环境，这在现代建筑中，早已屡见不鲜。

金中都的宫室形制与汴京的大致相同，大安、仁政二殿均呈工字形。西夏都城为兴庆府，但西夏宫室和平民住宅的具体形象难以考证。西夏的主体民族党项族，以游牧为主，其住房既有木结构的，也有传统的毡帐。

小/贴/士

中国古建筑为世界建筑史贡献了哪些优秀成果？

榫卯结构起源于两河流域的苏美尔人。

苏美尔人登陆东亚大陆进行文化传播，催生了河姆渡文化，榫卯结构也因此进入古代中国。从此古代中国的建筑等发生了巨大的改变。

另一支苏美尔人辗转尼罗河，催生了古埃及文化，榫卯结构也因此进入古代埃及。不过古代埃及缺少木材，大型建筑以石料为主，榫卯结构更多用于制造木质家具。

四、装饰内容

1. 顶棚

宋、辽、金时期的建筑，包括许多较大的殿堂，都不做吊顶，而是将梁架暴露在外，以表现梁架的结构美。也有做吊顶的，称为天花（图1-62）。虽然遮挡了梁架，但能使空间变得更加整齐和完美。之前的藻井多为"斗四"，宋代藻井（图1-63）为"斗八"，即将方形的四角抹斜，形成八角，再在上面支架八楞，收成八角攒尖。

图1-62　天津蓟县独乐寺的辽代观音阁天花

图1-63　浙江省宁波市保国寺宋代藻井

小／贴／士

藻井

藻井是中国传统建筑中的一种装饰性木结构顶棚，是覆斗形的窟顶装饰，因和中国古代建筑的屋顶结构藻井相似而得其名，是中国特有的风格繁复绚丽的装饰技术。

外形呈方形、圆形、八角形，或由这几种图形叠加而成，带有各种花纹、雕刻和彩画。其工艺非常复杂，自天花平顶向上凹进，似穹隆状。古代匠人们不用钉子，利用榫卯、斗拱堆叠而成，美得震撼人心。藻井多用在宫殿、寺庙中宝座、佛坛上方最重要的部位。比拟苍穹，是藻井最初的存在理念。仰观紫禁城御花园里的千秋亭藻井，有着遥望苍穹般的神秘感。此亭和万春亭并称故宫亭子之最。它的等级很高，因为它不只是一个可以休憩赏景的小建筑，还曾有供奉神佛的功能。修造这样一架藻井，自然也融入了皇家对敬天的独特表达。

藻井通常位于室内的上方，呈伞盖形，由细密的斗拱承托，象征天宇的崇高，藻井上一般都绘有彩画、饰以浮雕。

2. 斗拱

宋、辽等时期的斗拱技艺发展很不平衡，中原腹地变化明显，而边远地区则较多保留唐代的风格。此时斗拱的主要特点是种类繁杂，形状多变，构件名称十分生涩。纤细柔弱，装饰作用日益突出，不像唐代斗拱那样具有雄浑舒朗的风格，此外，斗拱式样更加复杂。

3. 彩画

宋及宋后的彩画在部位上，以阑额为主。在纹样上，以花卉和几何纹为主。在色彩上，以青绿为主调。在构图上，布局更显自由。在技法上，对晕法已经普遍运用。

4. 雕饰

雕刻技术成熟于唐，宋时已广泛应用于室内外。室内的石雕多为柱础和须弥座，木雕已有线刻雕、平雕、线浮雕、高浮雕和圆雕等种类。砖雕有两类：一类是先磨制后烧造；另一类是在烧造好的砖上雕花饰（图1-64）。玉雕（图1-65）趋向写实，题材更加世俗化。

5. 壁画

宋代壁画（图1-66）技艺成熟，风格写实，细致严谨，生活气息浓，民族特点强，比唐代世俗化，但不如唐代简练和有气魄。辽代壁画（图1-67）承袭了唐及五代之风，并受到宋代中原文化的影响。壁画内容以描绘本民族生活为主，人物居多，鞍马相随，有较强的装饰性。

6. 家具物品

两宋床榻（图1-68）大体上承袭唐与五代的遗风，但更显灵活、轻便和实用。床大多没有围子，称为"四方床"，辽、

图1-64　宋代花卉砖雕　　　　图1-65　宋代玉雕瑞兽摆件　　　　图1-66　宋代壁画天妃殿《泰山神启跸回銮图》部分

图1-67　辽代张世卿墓壁画　　　　图1-68　南宋人摹《韩熙载夜宴图》中的床与榻　　　　图1-69　金代文物木榻

金的床榻（图1-69）内有栏杆和围板。此外，南方还有竹榻和凉床，北方则大量用火炕。宋代，矮几逐渐被高桌所代替，方桌已经普及。箱、柜、橱造型简洁，讲究实用，有的还有两层或三层抽屉。

　　宋代屏风在形式上可分为独屏式和多屏式，独屏实物可见于山西大同金代阎德源墓出土的木屏（图1-70）。和前代相比，宋代屏风的形制有了更大进展，造型、装饰更为丰富。具体就底座而言，宋代屏座已由汉唐时简单的墩子发展成为由桥形底墩、桨腿站牙以及窄长横木组合而成的屏座，至此形成了座屏的基本造型。使得底座低窄、屏面宽大的屏风给人以平展稳定之感。

　　东周至春秋，均有关于挂衣设施（图1-71）的记载，但均无遗存或图像，宋代的架类家具不仅品种全，而且造型美。宋时普遍使用椅子，其结构、造型和高度与现代的椅子很接近，此时流行一种圈背交椅，也称"太师椅"（图1-72）。

　　宋代工艺美术的成就集中体现在陶瓷

图1-70　金代文物影屏　　　　图1-71　金代文物巾架　　　　图1-72　宋代"太师椅"

上，包括汝窑瓷（图1-73）、官窑瓷（图1-74）、耀州窑瓷、龙泉（哥窑）瓷（图1-75）、定窑瓷（图1-76）、钧窑瓷（图1-77）、三彩釉陶，这些瓷器已经成了室内陈设的重要内容。宋代铜器数量较大，制作技术也有所提高，金银器以酒具居多，漆器以造型取胜。宋代织物品种多样，纹饰活泼，不仅用于服饰，还大量用于书画装裱和室内陈设。宋代的书画市场繁荣，收藏书画装饰自己的居室是统治阶级和上流社会的一种爱好和风尚。

宋代夜生活的发展，促进了灯具的进步，此时的瓷灯（图1-78）虽比隋唐的矮小，但类型丰富。辽、金的瓷灯（图1-79）除与宋的瓷灯相似之外，还有一些相当奇特的造型，此外也有一些铜、铁、银等金属灯和石灯。

第七节
封建社会衰落期

元、明、清时期是我国封建社会的晚期，政治、经济、文化的发展都处于迟缓状态，有时还出现倒退现象，因此建筑的发展也是缓慢的，其中尤以元代和清末为甚。

图1-73　宋代汝窑瓶

图1-74　宋代官窑瓶

图1-75　宋代哥窑瓶

图1-76　宋代定窑瓶

图1-77　宋代钧窑尊

图1-78　宋代官窑天青色灯瓶

图1-79　辽金江官屯窑酱釉窑变
狮子灯标本

一、时代背景

蒙古贵族统治者先后攻占了金、西夏、吐蕃、大理和南宋的领土，建立了一个疆域广大的军事帝国。他们来自落后的游牧民族，除了在战争中大规模进行屠杀外，还圈耕地为牧场，大量掳掠农业人口与手工业工人，严重破坏了农业与工商业，致使两宋以来高度发展的封建经济和文化遭到极大摧残，阻碍了中国社会的发展，建筑发展也处于凋敝状态，直到元世祖忽必烈采取鼓励农桑的政策，社会生产力才逐渐恢复。

明朝是中国历史上最后一个由汉族建立的封建王朝。明初，为了巩固其统治，统治者采取了各种发展生产的措施，使社会经济得到迅速恢复和发展。到了明晚期，在封建社会内部已孕育着资本主义的萌芽，许多城市成为手工业生产的中心。由于金、元时期北方遭到严重破坏，南宋以来南方经济发展相对比较稳定，使明代的社会经济和文化出现南北不平衡的局面。

清朝的封建专制比明朝更严厉，政治上、经济上的控制与压迫极为残酷，但是为了巩固其统治，清初也采取了某些安定社会、恢复生产的措施。清朝统治的一个特点是采取思想上、文化上的高压政策，阻碍了学术进步，以及我国古代科学文化的发展，出现了落后于欧洲国家的局面。

二、建筑形式

元代建筑受多元化文化影响，呈现出许多奇异的形态。元代著名的元大都（图1-80），是仅次于唐代长安的中国第二大帝都。宫殿的形式基本上继承了宋、金的形式，但更加宏伟华丽，还些许反映出草原民族的习俗。元代的平民住宅多取蒙古毡帐的形式，墓室较为简单，远不能与汉唐相比。总体上来说，元代建筑既有继承也有发展。

明清建筑，延续前代建筑传统并继续发展，在定型化和世俗化方面有新的突破，并达到了中国古代建筑发展史上的又一个高峰。明清的都城与宫殿（图1-81），极力体现皇权至上的思想，由于集中财力、物力和优秀工匠建造，其成就不仅在中国建筑史上占有重要位置，也为世界所瞩目。明清住宅多种多样，难以分类，除少数民族的民居外，仅汉族民居就有北方院落民居、南方院落民居、南方天井民居等诸多种类。

图1-80　元朝元大都遗址

图1-81　承德避暑山庄全景

三、空间特征

元代建筑分为毡帐和木结构建筑，前者广泛运用于游牧民族，后者运用于都城及其他城市。**一般平民用的毡帐均为球形顶，顶部设圆形天窗，用于采光和出烟。内壁为交叉骨架，可能用红柳木条构成。骨架外敷毡，成为与墙类似的围护结构。**皇帝和贵族用的毡帐，特称"斡儿朵"。此时，工字形殿已基本定型。

明初，实行宗藩制，皇帝分封诸多子侄为王。王府均取"前朝后寝"的形式，殿堂平面多为工字形，但总体上仍取院落式布局。至于民居，则有作为对穴居的继承和发展的西北窑洞民居、具有高级文化形态的北京四合院民居、更为灵活的南方院落民居、亲水的南方水乡民居、极具特色的新疆维族民居、以牧业为主的藏族民居、以游牧生活为主的草原毡帐民居、属典型干栏式建筑的云南傣族民居、奇特的福建客家圆楼。

小 / 贴 / 士

脊兽中的瓦猫

云南瓦猫原是指置于屋脊正中处的瓦制饰物，因其形象很像家猫而得名。传说瓦猫能吃掉一切妖魔鬼怪，有镇宅的作用。人们将它安置在房顶、飞檐或门头的瓦脊上，以吞食一切冲犯宅院的疾疫祸害和四野鬼怪。

现实生活中，瓦猫仍广泛流传于云南昆明、呈贡、玉溪、曲靖、楚雄、大理、文山等地，成为一种独特的民俗。但因地区不同，瓦猫的形象亦大有区别：呈贡瓦猫像天真的孩子；玉溪瓦猫像留须的巫师；鹤庆瓦猫造型极度夸张；曲靖瓦猫将八卦夹在前腿。

四、装饰内容

1. 墙体

元代建筑的墙面、柱面多用云石、琉璃装饰，还常常包以织物，甚至饰以金银，元代也大量用金箔。明清的内墙面有清水的，即表面不抹灰，但更多的是抹上白灰，并保持白灰的白色。内墙面可以裱糊，小型建筑常裱大白纸，大型建筑或比较讲究的小型建筑，可裱银花纸。有些高级建筑，可在内墙的下部做护墙板。柱子的表面大多做油饰。

2. 地面

元代建筑的地面有砖的、瓷砖的、大理石的，但更多的是铺地毡的。明清建筑的室内，多用砖铺饰地面，以方砖居多，有平素的，也有模制带花的。

3. 顶棚

元代建筑的天花常常张挂织物，这在此前是很少见的。明清大型建筑的顶棚有以下做法：一是井口天花（图1-82）；二是藻井（图1-83）；三是海墁天花（图1-84）；四是纸顶（图1-85）。

图 1-82 井口天花

图 1-83 藻井

图 1-84 海墁天花

图 1-85 纸顶

4. 壁画

元朝统治者崇尚薄葬，墓室建筑简陋，随葬品极少，绝无绘制壁画之举，倒是有些官员因受汉族影响，在墓室中绘有水平较高的壁画（图 1-86）。壁画至明已经衰落，但由于明代壁画的作者大部分为民间工匠，壁画中的世俗部分仍有一定的发展。清代壁画（图 1-87）更加势弱，但由于清代对喇嘛教相当重视，承袭元代传统的壁画在少数民族地区有增多之势，另外壁画内容已扩大至神祇、戏曲故事和民间传说等，**以小说、戏曲故事为题材的壁画进入宫廷，并开始吸收西洋的透视技法。**

5. 雕饰

明清石雕柱础（图 1-88）式样丰富。木雕（图 1-89）题材多样，技法纯熟，在室内已经成为分隔空间、美化环境不可缺少的要素。室内木雕多运用于隔扇、罩和梁柱上，藻井是木雕与斗拱、木作的结合，雕刻题材多为龙、云等。此外，匾额

图 1-86 元代壁画

图 1-87 清代壁画

图 1-88 清代石雕柱础

图 1-89 清代东阳木雕私塾图案花板

四周，也常用木雕做装饰。

6. 斗拱

明清斗拱（图 1-90、图 1-91）的变化主要有四点：一是尺度变小，高度降低，出挑减少，外观由硕大变得纤小；二是补间增多，使檐下斗拱密密麻麻，再无舒朗的感觉；三是结构上的功能减弱，本来的结构构件几乎成了纯装饰品；四是斗拱种类、用料和做法高度标准化，制作时省去了很多繁杂的计算工作。

7. 彩画

明清是展示建筑美的高峰时期，手段之一就是大量用彩画。元代的彩画在宋代彩画的基础上有了较大的革新，创造了梁枋彩画的箍头、盒子、藻头和枋心的构成格局。元代彩画在用色上也较前代有所突破，梁枋藻头多用朱色底，表层图案多为青花绿叶，这在宋代彩画中很少见到。元代彩画中出现了旋子彩画的萌芽，为明代彩画的形成奠定了基础。

明代彩画（图 1-92）主要分两大类：一类是云龙包袱彩画；一类是旋子彩画。云龙包袱彩画用金量大，属于宫廷专用彩画。旋子彩画用金量小，可以用于宫殿以外的建筑。清式彩画是在明式彩画的基础上进一步发展起来的，清代的彩画艺术水平超过了以往的任何一个朝代，是我国建筑彩画发展的顶峰。

清代彩画（图 1-93）的形式比前代更加规范化、程式化，对图案纹样的局部、工艺做法、色调的搭配、题材的范围和用金的部位等，都有一套严格的等级规定。因此，油漆彩画行业都把清代确定的和玺彩画和旋子彩画这两种做法称做规矩活。

图 1-90　明代斗拱

图 1-91　清代斗拱

图 1-92　明代彩画

图 1-93　清代彩画

清代彩画主要分三大类：第一类是和玺彩画，即宫廷彩画；第二类是旋子彩画；第三类是苏式彩画，即园林彩画。各类彩画都有不同等级的做法。

8. 空间分隔物

空间分隔物（图1-94）也属内檐装修，明清的室内空间分隔物种类繁多，又极具特色。主要有以下几类：飞罩、落地罩、栏杆罩、几腿罩、碧纱橱（图1-95）、博古架（图1-96）、屏板（图1-97）和帷幕。

9. 家具物品

明清家具同中国古代其他艺术品一样，不仅具有深厚的中华民族文化艺术底蕴，而且具有典雅的韵味，实用的功能，令人回味无穷，此处做详细介绍。

（1）元代。

元代家具在宋辽的基础上缓慢发展，没有什么突出的变化，只是在类型和结构上有些细微的变化。元代家具中有一种带抽屉的桌子（图1-98），桌案有面板四周出挑沿的做法。元朝的金银制品制造精美，主要用于宫廷陈设。元时仍然使用屏风，并以挂画做壁饰。元代的青花瓷器（图1-99）最为著名，青花瓷的出现，在中国陶瓷史上具有划时代的意义。元代织物中最新也是最为名贵的产品，是在丝织物中加织金银线，此外，刺绣工艺也很发达。

图1-94　各类花罩

图1-95　碧纱橱

图1-96　博古架

图1-97　屏板

图 1-98　元代抽屉桌

图 1-99　元代青花釉里红镂雕盖罐

（2）明代。

明代的床榻分为架子床（图1-100）、拔步床（图1-101）、罗汉床（图1-102）三类，架子床较为普遍。罗汉床又称为弥勒榻，是一种三面设矮围屏的床，大约是由于古代僧人常坐此床谈经论道而得名。明代罗汉床的围屏十分精美。有透雕的花卉图案，有的腿部也饰以浮雕。腿足则以三弯腿、涡纹足多见。罗汉床可坐卧两用，是厅堂中十分讲究的家具。架子床四角有立柱，顶盖俗称"承尘"，因床上有架子，故名。明代架子床床围的矮屏常以透雕组成，顶盖亦有透雕的挂檐，腿则以粗壮的三弯腿多见，突出透空效果，

简朴而稳重。拔步床床体庞大，是床榻中体型最大的。床下有底座，床前置浅廊，四周设矮围屏，上有顶盖，中间为床门，状如居室。明代拔步床常以千字纹装饰，这是其重要的特征。

椅是有靠背的坐具的总称，明代椅子的形式大体有靠背椅（图1-103）、扶手椅（图1-104）、圈椅（图1-105）和交椅（图1-106）四种。靠背椅是指有靠背无扶手的椅子，主要有灯挂椅（图1-107）、木梳背椅（图1-108）等。扶手椅常见的形制有玫瑰椅（图1-109）和官帽椅（图1-110）。圈椅之名得于其靠背如圈。交椅实际上就是有靠背的交杌，

图 1-100　架子床

图 1-101　拔步床

图 1-102　罗汉床

图 1-103　靠背椅　　　图 1-104　扶手椅　　　图 1-105　圈椅　　　图 1-106　交椅

图 1-107　灯挂椅　　　图 1-108　木梳背椅　　　图 1-109　玫瑰椅　　　图 1-110　官帽椅

可分为直后背和圈后背两种。

　　凳子是指没有靠背的坐具。凳子是由上床用的登具（相当于脚踏）发展而来的，明代凳子的形制主要分方凳（图 1-111）和圆凳（图 1-112）。此外，还有形制特大，雕饰华丽的宝座以及坐墩。

　　桌案类家具包括各种桌子和几案，主要有炕桌（图 1-113）、炕几、炕案（图 1-114）、方桌（图 1-115）、半桌、条桌、条几、条案、月牙桌、抽屉桌、手头

图 1-111　方凳　　　图 1-112　圆凳

案、翘头案、架儿案、香几、画桌、画案、书桌、书案、棋桌、琴桌、供桌等。炕桌是我国北方常用的家具，又称为矮桌，是

图 1-113　炕桌　　　图 1-114　炕案　　　图 1-115　方桌

专门放置于炕上使用的桌子。由于体积小，搬动方便，深受北方家庭喜爱。明代的炕桌造型美观，式样丰富，一般为有束腰长方炕桌，束腰下有牙子装饰，三弯腿，足有涡纹足及勾脚等不同形式。

柜橱类家具的主要用途是储藏物品。柜的形体较大，有两扇对开的门；橱的形体较小，在橱面之下有抽屉。明代柜橱的形制很多，有圆角柜（图1-116）、方角柜（图1-117）、两件柜、四件柜、亮格柜（图1-118）、闷户橱（图1-119）等。

屏风是挡风和遮蔽视线的家具，还可起到分隔空间的作用，分为座屏风（图1-120）与曲屏风（图1-121）。**有单扇，也有两扇、三扇以及十二扇**

等。明代的木制屏风，有的在屏身裱糊锦帛或纸，在上面饰以绘画或书法作品；有的镶嵌各种石材；也有的镶嵌木雕板，显得雅致灵秀。箱（图1-122）的种类很多，有存放衣物的衣箱；有内藏多层抽屉的药箱；有小巧玲珑的官皮箱。以黄花梨木镶铜什件的箱子最为讲究。

明代刺绣技艺很发达，丝织品种类繁多。瓷器主要有白瓷（图1-123），成化时的瓷器，以青花加彩最为盛行，嘉靖、万历时，最成熟的是五彩瓷（图1-124）。金属制品中，最著名的是宣德炉（图1-25）和景泰蓝（图1-126）。

铜镜到明清时已走入末路，但仍有一

图1-116 圆角柜

图1-117 方角柜

图1-118 亮格柜

图1-119 闷户橱

图1-120 座屏风

图1-121 曲屏风

图1-122 明代黄花梨箱子

图 1-123 明代白瓷

图 1-124 明代五彩瓷

图 1-125 明代宣德炉

图 1-126 明代景泰蓝

定数量。室内出现了许多置于案头的小雕塑。插花与盆花，在元代几近停滞之后，于明代再度兴盛起来，技术和理论已形成完整的体系。此时的盆景，既有树桩盆景，也有山石盆景。

用于室内装饰的书法艺术品多种多样，内容上有诗、词、文、赋；陈设形式上有屏刻、楹联、匾额以及与挂画类似的"字画"等。明朝末期出现了一种悬挂于墙面的挂屏（图 1-127）。座屏（图 1-128）本来是一种家具，有些人将其缩小，置于炕上或桌案上，于是便出现了专供欣赏的炕屏与桌屏。

（3）清代。

清式家具主要是指乾隆到清末民初这一时期的家具。清式家具承袭和发展了明式家具的技艺，但变化最大的是宫廷家具，而不是民间家具。清代宫廷家具有三处重要产地，即北京、广州和苏州，它们各自代表一种风格，被称为清代家具的三大名作。

广式家具（图 1-129）是指以广州为中心产地的广东家具。其基本特征是用料粗大、充裕，讲究材种一致，即一种广式家具，或用紫檀、或用红木，绝不掺用其他木材。装饰纹样丰富，除传统纹样外，还使用一些西方纹样，常用镶嵌工艺，屏

图 1-127 明代黄花梨镂空龙纹挂屏

图 1-128 明紫檀嵌玉花卉小座屏

风类家具采用镶嵌工艺者尤多。苏州家具（图1-130）是指以苏州为中心产地的长江下游生产的家具，以俊美著称。比广式家具用料省，为节省名贵木材，常常杂用木料或采用包镶的方法。也用镶嵌装饰，题材多为名画、山水、花鸟、传说、神话和具有祥瑞含义的纹样。京作家具（图1-131）以宫廷造办处所做家具为代表，风格介于广式与苏式之间。外形与苏作相似，但不用杂料，也不用包镶工艺。

清代的丝织品早期（图1-132）图案多为繁复的几何纹，以小花为主，风格古朴典雅；中期（图1-133）受巴洛克和洛可可风格影响较大，倾向于豪华艳丽；晚期（图1-134）多用折枝花、大花朵，倾

向于明快舒朗。丝织品除用于衣饰外，主要用作伞盖、佛幡、经盖和帷幕，在宫廷、王府、佛寺中最常见。清代印染工艺先进，蓝印花布、彩印花布及民族地区流行的蜡染都是室内陈设中常用的素材。

清代制瓷中心仍为景德镇，但官窑衰落。清代主要瓷种为青花（图1-135）、釉里红（图1-136）、红蓝绿等色釉和各种釉上彩（图1-137）。此外，紫砂器（图1-138）日益精致，它不仅是人们的玩赏品，还成了身价极高的贡品。清代景泰蓝在继承明代技艺的基础上，又有新创造。画珐琅（图1-139）又称"洋瓷"，是清代出现的新品种。清代时还出现了一种铁画（图1-140），即以铁片为材料，经剪

图1-129　广式家具

图1-130　苏州家具

图1-131　京作家具

图1-132　清代早期丝织品

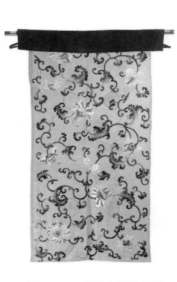
图1-133　清代中期丝织品

图1-134　清代晚期丝织品

图 1-135 清代青花精品瓶

图 1-136 清代釉里红双鱼瓶

图 1-137 清乾隆釉上彩大瓶

图 1-138 清代紫砂南瓜型水注

图 1-139 清代画珐琅牡丹纹扇面式壶

图 1-140 清代芜湖花鸟纹铁画挂屏

花、锻打等多种工序制作而成的装饰画。清代已有玻璃镜，但主要用于宫廷和王府。

清代插花、赏花之风不亚于明代，但欣赏角度有变化。清代盆景（图 1-141）以乾隆、嘉庆年间为最盛。明清时期的绘画，既流行于宫廷，也涉足于民宅。在室内挂画的做法也随之多了起来。清代年画（图 1-142）发展迅速，且产量多、影响大、风格鲜明。

明清灯具的种类比唐宋更丰富，并

图 1-141 清代掐丝珐琅红珊瑚盆景

图 1-142 清代年画

具有实用和观赏的功能。主要有陶瓷灯、金属灯、玻璃灯和木制烛台，其功能、形式均位列历代灯具之首，其中宫灯（图1-143）尤其精美。大概是受家具制作的影响，在明清时期出现了木制灯具（图1-144）。这种灯具的制作相当精致，而且又与室内的家具配套，放置在室内十分协调。

10. 纹样

明清的装饰纹样，见于雕刻、彩画、门窗、隔断和纺织品，十分繁杂。大致包括以下类别：锦文类、文字类、植物类、动物类、器物类、生活类、故事类、寓意类、宗教类。

11. 陈设方式

明清时期的室内陈设大致有两种方式：一是对称式，常常用于比较庄重的场所；二为非对称式，常常用于民间以及某些休闲型建筑。宫邸、王府以及民居的堂屋也来用中轴对称的格局。这些都体现了明清受儒家思想的影响之深刻。

图1-143　清乾隆紫檀玻璃彩绘花鸟图六方宫灯

图1-144　清代花梨木灯架及鸡翅木天平架

明代家具和清代家具的区别

小／贴／士

1. 造型和表现样式

清代家具在造型上与明代家具截然不同，首先表现在造型厚重上，家具的总体尺寸比明式家具要宽、要大，与此相应，局部尺寸、部件用料也随之加大。

清代家具的样式也比明代繁多，如新兴的家具太师椅，就有三屏风式靠背太师椅、拐子背式太师椅、花饰扶手靠背太师椅等多种。

2. 装饰风格

明代家具装饰较少，质朴简洁，没有镶嵌和雕镂，只有极少雕刻；清代家具喜于装饰，颇为华丽，应用雕、嵌、描、堆等工艺手段。雕与嵌是清式家具的主要装饰方法。有些清式家具为装饰而装饰，雕饰过繁过滥，也成了清式家具的一大缺点。

3. 用料

明代家具以黄花梨木为主要原料，极少使用其他木材，而黄花梨木家具，又以桌椅、橱柜较多。明末清初由于黄花梨木匮乏而改用紫檀木加工制作。清中期以后逐渐使用鸡翅木、酸枝木、铁力木、花梨木等。

第八节
案例分析

一、明代拙政园

1. 建筑概况

拙政园（图1-145）是江南古典园林的代表作品，由江南四大才子之一的文征明历时17年设计建造而成，园内回廊起伏，水中倒影如画，景色绝佳，被誉为中国四大名园之一。拙政园的取名来自于晋朝《闲居赋》中的一段话："筑室种树，逍遥自得……此亦拙者之为政也。"

2. 室内场景

见山楼中的亭子（图1-146）以及七百米曲廊（图1-147）均应用了挂落来进行装饰，在建筑外廊中，挂落与栏杆从外立面上看位于同一层面，并且纹样相近，有着上下呼应的装饰作用，而自建筑中向外观望，在屋檐、地面和廊柱组成的景物图框中，有挂落装饰花边，使图画空阔的上部产生了变化，出现了层次，具有很强的装饰效果。

框景（图1-148）是古典园林构景的绝妙手法之一，就像摄影者窥框取景一样，利用建筑物框架、空窗、洞门等封合的围框，套住某处景色，四周出现明确界线，产生画面的感觉。通过透漏空隙所观赏到的若隐若现的景物，其实是由框景发展而来的。框景的景色清楚，漏景（1-149）比较含蓄。

图1-145 拙政园

图 1-146　见山楼中的亭子

图 1-147　七百米曲廊

图 1-148　方形空窗框景

图 1-149　方形窗漏景

3. 家具物品

卅六鸳鸯馆（图 1-150）和远香堂（图 1-151）中有圆凳、屏背椅、束腰三弯腿炕桌、山水座屏、石制盆景、插花、青花瓷瓶、翘头案等家具物品。

留园（图 1-152）中的家具陈设有碧纱橱、挂画、宫灯、靠背椅、方桌、罗汉床（图 1-153）。

园内家具还包括博古架（图 1-154）、祠堂内的铜狮（图 1-155）、花架（图 1-156）、盆景以及圆桌（图 1-157）。

图 1-150　卅六鸳鸯馆家具

图 1-151　远香堂家具

图1-152 留园中的家具陈设

图1-153 罗汉床

图1-154 博古架

图1-155 祠堂内的铜狮

图1-156 花架

图1-157 圆桌

网师园内还设有案几（图 1-158 ）、靠背椅（图 1-159 ）。

图 1-158　案几　　　　　　　　　　　　　　图 1-159　靠背椅

本 / 章 / 小 / 结

　　本章深入全面地介绍了中国古代室内设计的发展历史，尤其是从秦、汉直至宋、元、明、清时代的历史。从每个时期的时代背景、建筑形式、空间特征、装饰内容着手详细介绍各个时期的室内设计。

思考与练习

1. 总结干栏式建筑的起源与发展。

2. 查阅相关资料，举出一两例运用了天花或者藻井装饰的古代建筑。

3. 了解斗拱的发展，并清楚了解其结构特征。

4. 描述明清家具的区别，查阅相关资料，了解更多关于明清家具的知识。

5. 简述中国古代室内家具陈设发展的特点。

第二章
近现代时期

学习难度：★★★☆☆

重点概念：设计风格、设计趋向、设计要素、中式风格

章节导读

　　进入 21 世纪后，随着我国城市土地使用制度的改革与住宅商品化步伐的加快，装饰行业面临新的发展机遇，室内设计也迎来了发展的"黄金期"。如今的室内设计已不再仅仅满足于实现某种功能，人们或追求高雅，或追求时尚，或追求个性，或追求环保，或追求民族特色等。从历史发展的角度分析，任何一种设计风格都是对当时的社会政治、经济、文化以及社会心理的直接反映。因此，中国近现代室内设计风格发展演变的历史，在某种程度上也可以看作是中国室内设计专业发展的历史。

　　现代室内设计涉及视觉环境和工程技术方面的问题，也包括声、光、热等物理环境以及氛围、意境等心理环境和文化内涵等内容。风格是风度品格，是体现在创作中的艺术特色和个性，是一种时代的特色，也是一个时期的标志。自 1840 年鸦片战争爆发，中国进入半殖民地半封建社会，以此为开端，中国传统的室内设计在西方文化和设计思想的撞击与推动下，开始步入了近现代的发展进程。

知名建筑赏析　　东平路蒋介石故居——爱庐（图 2-1）

图 2-1　东平路蒋介石故居——爱庐

第一节
中华人民共和国成立之前

一、时代背景

鸦片战争后，清政府被迫签订了一系列不平等条约，帝国主义列强纷纷入侵中国，他们在不少城市设租界，外国商人、传教士乘机进入中国。于是，在一些大中城市相继出现了西式的使领馆、教堂和别墅等建筑。

从 1937 到 1947 年，中国近代化进程趋于停滞，建筑活动很少。**抗日战争期间，国民党政治统治中心转移到西南，全国实行战时经济政策。一部分沿海城市的工业向内陆迁移，四川、云南、湖南、广西、陕西、甘肃等内陆省份的工业有了进一步的发展。近代建筑活动开始扩展到内陆的偏僻县镇。但建筑规模不大，除少量建筑外，一般多是临时性工程。** 20 世纪 40 年代后半期，欧美各国进入战后恢复时期，现代派建筑普遍活跃，发展很快。受到西方建筑书刊的传播和国外建筑师的影响，人们一方面继续探索中国建筑的方向，一方面也自觉或不自觉地介绍西方的建筑风格和设计理念，于是，中国大地上便出现了传统建筑与现代建筑、中式建筑与西式建筑并存的局面。

当然，这种局面主要出现于北京、上海、天津、广州、青岛和哈尔滨等大中城市中，至于多数中小城市和广大农村则依然受中国传统的影响。以民居为代表的多数建筑，面貌改变不大，但在沿海地区，特别是在广东、福建等地，由于海外华侨、华人的推动，出现了不少中西合璧的建筑。继圣约翰大学建筑系 1942 年实施包豪斯教学体系之后，梁思成于 1947 年在清华大学营建系实施"体形环境"设计的教学体系，为中国的现代建筑教育播撒了种子。**只是处在战争环境中，建筑业极为萧条，现代建筑的实践机会很少。** 总的说来，这是近代中国建筑活动的一段停滞期。

二、设计风格

1. 西方古典式

比较典型的有天津开滦煤矿公司办公楼（图 2-2）、上海汇丰银行、北京清华大学大礼堂、天津老西开天主教堂（图 2-3）、天津劝业场和哈尔滨的秋林公司（图 2-4）等。

图 2-2　天津开滦煤矿　　图 2-3　天津老西开天主教堂　　图 2-4　哈尔滨的秋林公司
　　　　公司办公楼

由英商公和洋行设计的上海汇丰银行（图2-5），建于1925年（旧楼于1921年拆除），总建筑面积32000㎡，平面近似正方形，中部有贯穿二至四层的仿古罗马科林斯双柱，顶部为钢结构穹隆。营业大厅采用爱奥尼柱廊，拱形玻璃顶（图2-6）。地、墙等均用大理石铺贴（图2-7），整体气韵富丽堂皇。

北京清华大学大礼堂（图2-8、图2-9），建于1918年。由中国建筑师庄俊和美国建筑师墨菲合作设计，属西方古典主义风格。主要建筑材料来自德国，设计施工均有较高水平。

天津劝业场（图2-10），于1928年建成。由法国建筑师慕乐及永和工程公司设计。是当时法租界内商业区的标志性建筑，也是当时整个天津的标志性建筑。该建筑体量较大，内部空间开阔（图2-11），是一个大型的商贸场所，与中国传统店铺有明显的区别。

2. 西方现代式

这类建筑有上海沙逊大厦、上海国际饭店、上海百老汇大厦、上海大光明电影院、天津渤海大楼及天津中原公司等。

上海沙逊大厦（图2-12）（现和平饭店）建于1928年，位于南京路外滩，是当时上海的标志性建筑。1929—1939年间，上海建成30幢10层以上的高楼，沙逊大厦、河滨公寓、汉弥尔登大厦等都是沙逊洋行投资建设的。沙逊大厦由英商公和洋行设计。平面呈A字形，具有美国芝加哥学派的风格。大厦的室内空间设计合理（图2-13），风格多样，融汇东西，陈设考究，有中国式、印度式、日本式等多种客房，是上海近代西式建筑中最为豪华的一座。

上海百老汇大厦（今上海大厦，见图2-14）于1934年竣工，位于北苏州路20号。因傍百老汇路（今大名路）顶端，

图2-5 上海汇丰银行外部

图2-6 大理石铺贴的地面

图2-7 富丽堂皇的营业大厅

图2-8 北京清华大学大礼堂外部

图2-9 北京清华大学大礼堂内部

图2-10 天津劝业场外部

图 2-11　天津劝业场内部　　　　　图 2-12　上海沙逊大厦外部　　　　　图 2-13　现和平饭店内部

故名百老汇大厦。由主楼和副楼组成的上海大厦位于外白渡桥的北侧。采用了早期现代派风格的八字式公寓结构。外部处理与内部装修简洁明朗（图 2-15），外观气势宏伟。主楼原名"百老汇大厦"。副楼又名"浦江饭店"。饭店设有中、美、英、法、日、沙特阿拉伯六国特色高级套房，曾接待过许多国家元首及中外游客。

20 世纪 20—30 年代，上海兴建了一批银行建筑。其中的金城银行、中国银行（图 2-16、图 2-17）均有一定的代表性。它们用料考究，做工精细，还充分体

现了银行建筑应有的个性。坐落在上海外滩 23 号的中国银行大楼是中国银行乃至近代中国金融业最重要的物质文化遗产，也是整个中国银行系统唯一列入全国重点文物保护单位的建筑。中国银行的前身是户部银行，于 1904 年开业。当年设有上海分行，行址在汉口路 3 号。1908 年改组为大清银行，1912 年改组成立中国银行。

沙逊别墅（图 2-18、图 2-19）建于 1932 年，位于上海西郊。这座用于周末度假的远郊别墅，刻意追求悠闲自得的

图 2-14　上海大厦外部　　　　　图 2-15　上海大厦内部　　　　　图 2-16　中国银行外部

图 2-17　中国银行内部营业厅　　　　　图 2-18　沙逊别墅外部　　　　　图 2-19　沙逊别墅内部

乡村情调，并按英国乡村别墅的风格设计。门窗选用有疖疤的木料，还毫不掩饰斧凿的痕迹。别墅周围有大片草坪、小溪、亭阁和小桥，主要房间用柚木装修。

上海国际饭店

小/贴/士

上海国际饭店坐落于南京西路，正对人民广场（过去的跑马厅）。1931年5月动工，1934年12月竣工开业。饭店由4家银行联合投资兴建，由匈牙利籍著名建筑师邬达克设计，他也许不是非常有名的建筑师，但是可以说是整个上海风格的缔造者，陶馥记营造厂（陶桂林先生创办的建筑公司）承包全部建筑工程。

上海国际饭店在中华人民共和国成立以后内装风格以及用途发生了很大变化。虽然这些变化可能破坏了它本身的老上海气质，但同时增加了很多亲民的成分。滑稽戏中常提到"仰观落帽"，饭店后门的国际饭店西饼屋至今仍是广大上海市民常去光顾的地方。

3. 中国民族形式

在西式建筑进入中国的同时，一些中国建筑师以及仰慕中国传统文化的外国建筑师也在积极探索和设计着具有中国传统特色的建筑，尤其是纪念性建筑，如南京中山陵、广州中山纪念堂、北京燕京大学、南京原国民党中央博物院（今南京博物院）、南京原国民党中央党史史料陈列馆和北京协和医院等。

南京中山陵（图2-20、图2-21）是中国建筑师探索"中国固有形式"的起点。中山陵设计竞赛条例就明确指出："祭堂图案须采用中国式，而含有特殊与纪念之性质者，或根据中国建筑精神特创新格亦可。"在这次竞赛中，吕彦直的方案获得头奖，并于1926年按此方案兴建。主体祭堂平面近似方形，四角各有一个小室。以黑色花岗石贴柱，黑色大理石护墙，衬托着中部白石质的孙中山坐像，形成了一种宁静、肃穆的气氛。

广州中山纪念堂（图2-22、图2-23），建于1928—1931年，位于广州

图2-20　南京中山陵外景

图2-21　南京中山陵内部祭堂

越秀山南麓，也由建筑师吕彦直设计。该建筑平面为八角形，建筑面积为8300 ㎡，是当时国内最大的会堂建筑。它的主体为钢架和钢筋混凝土结构，其中的圆柱、梁、枋、斗拱、彩画等，均为中国传统样式。

北京协和医院（图2-24、图2-25）。建成于1921年，北京协和医院是洛克菲勒基金会在中国援建的最大的、最著名的一个公益项目。今天的王府井旁，东方广场的后侧，在众多现代高楼大厦完全挤占了天际线的背景下，这组建筑至今仍焕发着中国建筑文化的光彩：绿瓦灰墙，飞檐斗拱，雕梁画栋，琉璃瓦大屋顶，仿汉白玉回廊，成为一道文化风景。

4. 中西合璧式

在近代的中国，海外建筑文化的传入，大致有四种途径。

一是西方殖民者、传教士、建筑师及商人等因战争、宗教、商业等原因直接进入中国，**特别是一些沿海的租借地，如上海、天津、大连、哈尔滨、青岛、广州等地，他们在那里按照西方的规划观念、建筑风格和建筑技术进行营建活动，推动了城市近代化的进程，**当时建造的为数不少的西式建筑，被国人归入"殖民文化"。如上海石库门里弄（图2-26）。

二是由于官方的被动接受和上流社会的推崇，在公共建筑及城市住宅中出现了诸多西式的建筑类型与风格，如漳州龙海普照寺（图2-27）。

三是20世纪20年代后，有大批留学建筑师先后回国，在建筑教育和建筑设计实践中，引入了西方的理念和方法，做了大量的开拓性工作，并产生了深刻的影响。他们既有西方建筑教育的背景，又熟悉中国建筑的传统，是一支自觉接受西方文化又努力促进中国建筑现代化的重要力量，如天长市图书馆楼（图2-28）就是由求学后归国的建筑师设计的。

图2-22　广州中山纪念堂外景

图2-23　广州中山纪念堂内景

图2-24　北京协和医院外景

图2-25　北京协和医院内景

图2-26　上海石库门里弄

图2-27　漳州龙海普照寺

四是广大海外华侨、华人和归侨直接将西方的建筑文化引入中国，体现了民间人士对海外建筑文化的理解，显示了民间渠道在传播建筑文化中的作用，如福建泉州的近代民居（图2-29）。

图2-28　天长市图书馆楼

图2-29　福建泉州的近代民居

小/贴/士

中西合璧式建筑

中西合璧式建筑主要分布在侨乡，特别是广东的五邑，福建的厦门与泉州等地，主要建筑类型有住宅、书斋、祠堂、商铺和园林等。其中，五邑的碉楼以及广州、厦门、泉州的骑楼尤其有特色。

"中西合璧"式建筑之"中"，主要体现在传统的文化心理、审美取向和建筑技术上，体现在选址、造型、装饰、空间布局与当地文脉的结合上。"中西合璧"式建筑之"西"，则更多地体现在外部形式和风格上。以开平的碉楼为例，其造型有古希腊的柱廊、古罗马的拱券和柱、伊斯兰的哥特式或巴洛克特征，甚至还采用了新艺术运动时期建筑的处理手法。中西合璧式建筑可以视为折中主义的建筑。它把中西建筑的造型手法和语言片段嫁接拼贴，杂合使用，实是一种非中非西的复合式建筑。

中西合璧式建筑以一种独特的面貌出现在人们的面前。不少建筑外观为罗马式、哥特式或新古典主义式，内部空间却仍有中国传统建筑的痕迹。有些西式厅堂，摆设的是中式桌椅和几案。有些柱廊上的挂画，既有西方近代题材，又有中国传统的山水、花鸟、人物和村舍题材。这些做法很难让人明确地界定出中西的界限，如用传统红砖砌筑西式线脚，在爱奥尼柱上雕凿中国对联，在西式山花上彩塑中国的双狮戏球等。

三、空间特征

进入近代之后，中国的建筑类型明显增多。办公楼、银行、火车站、学校、医院及各式别墅等纷纷落成，其空间形式与传统建筑相比，无疑更加丰富而新奇，其中，值得我们特别重视的是，在形式相对稳定的住宅中，也出现了许多新的变化，有了此前很少见到的新形式。其中，比较突出的是南方的骑楼、碉楼，上海地区的石库门，散见于乡镇的洋楼及沿海各地的别墅等。

1. 骑楼

骑楼（图 2-30）是一种舶来品，原型为殖民地券廊式建筑，作为一种城市的街屋形式，首先出现在新加坡、香港等原英属殖民地。

在我国，骑楼主要分布在广东、福建等地。多见于广东的江门、开平、恩平、台山和鹤山以及福建的厦门和泉州等地。

骑楼建筑多采用线形布置，最显著的特点是前铺后宅、下铺上宅、商住合一，所以也被看作是商铺式住宅楼。

骑楼一般采用钢筋混凝土框架结构，也有砖石结构的，由于技术等原因，开间都不大，柱距一般为 3～5 m，但进深很大，有的甚至达到 20 m，层高为 3.5～4 m。因此，很适合"前店后坊"的小商品生产和销售的方式。它们并排在街道的一侧或两侧，一般情况下，每家店铺只占一个或两个开间，占据多个开间的是少数。骑楼建筑多数为两层或三层，少数为四层、五层。一层前部为商铺，后部为厨房、卫生间、作坊或院落，二层及以上为住宅，设有起居室、卧室及卫生间。楼梯大多位居中间，有的骑楼还设采光的小天井。

骑楼具有多元文化的属性。岭南地区的骑楼，适应炎热、多雨的亚热带气候特点，并能体现岭南文化"求新、求变"的创造性内涵。

2. 石库门里弄

石库门里弄（图 2-31）是盛行于近代上海的新型居住建筑，从住宅诞生的那天起，就显示了中西合璧的性质。早期的石库门里弄，其形式并未脱离传统中国民居的范畴，但从总体上看，其联排式布局则与欧洲建筑的做法相似。

石库门里弄的形式，明显脱胎于我国传统的三合院。前面有天井，往里是客堂间，其后是楼梯、二天井和厨房。从高度上看，大多为两层，少数为三层。标准平

图 2-30　岭南地区的骑楼

图 2-31　上海石库门里弄

面是单开间的，如果是两开间或三开间的，其布局就会有变化：三开间的天井两侧有厢房；两开间的一侧有厢房。单开间的平面也有许多变化，其楼梯和二天井的布置都可能有一些改动。

石库门里弄最有特色的部分是石库门。其造型多为西洋式，但从总体上看，它既非传统的中国居住建筑，也不是对西方某一种建筑的简单模仿，而是融合中西特点又适合上海实际的新形式。

3. 碉楼

《后汉书》记载的碉楼主要分布在今天的川西北，是藏族和羌族等少数民族的住处。 这里所说的碉楼（图 2-32）专指广东开平等地的碉楼。这种碉楼兼具防御功能和居住功能，是在建筑技术进步的情况下修建的跨度较大、兼顾性较强的单体建筑。它出现于中国的近代，出资方多数是海外华侨、华人，有些出资方就是设计者本人。

从平面形式看，碉楼的平面与当地传统的"三间两廊"式民居具有明显的渊源关系。传统的"三间两廊"式民居是粤中、粤西民居中的一种，属三合院住宅。开平早期的碉楼，其平面延续"三间两廊"式

的格局，四层多了落地式塔楼，并在塔楼的二三层设置射击孔。

4. 洋楼

这里所说的"洋楼"不是一般的西式建筑，而是散落于民间的、受西方建筑样式的影响而发展起来的近代民居，它们大多由海外华侨、华人兴建，并由于布局的独立性和功能上的纯居住性而有别于其他的建筑类型。

以泉州洋房（图 2-33）为例，它们多数都是独立式住宅，住宅实体与外部空间是外向的关系，即外部空间包围住宅的实体。从这点看，它们与传统的合院式住宅是不同的。

洋房的平面大多呈方形。平面的中间是大厅，两侧是房间，常见的形式有"四房一厅""六房一厅"和"八房二厅"。

洋房一般为二层或三层，底层的"厅"往往作过道，或摆设供台，二三层则设客厅和卧室，这与西方独立式住宅常把客厅设在底层，且二层通高的做法是不同的。

泉州等地的洋房尽管保留了西方独立式住宅的一些特点，但在平面布局上还是体现了中国的传统文化，适应中国的生活方式及习惯。

图 2-32 广东开平的碉楼

图 2-33 泉州闽南侨乡番仔楼

综观民国时期的室内设计，明显受到了西方建筑文化的影响。关于"中国固有形式"的探索，体现了一种可贵的精神，但无论是理论还是实践，都还显得不成熟。

第二节
中华人民共和国成立之后

一、形成期（1949—1959年）

中华人民共和国成立之初，百业待兴，经济水平落后，人民生活水平尚低。在这种情况下，无论是政府还是群众，都不可能过多地顾及室内环境的问题。

这一时期兴建的建筑，大都是国计民生急需的。从风格特点看，可以分为三大类：第一类是所谓民族形式的，如1954年建成的重庆人民大会堂、北京友谊宾馆、北京三里河的四部一会办公楼，以及更富地方特色的北京伊斯兰教经学院、内蒙古成吉思汗陵和乌鲁木齐人民剧院等；第二类是强调功能，形式趋于现代的，如1952年建成的北京和平宾馆、北京儿童医院以及1953年建成的上海同济大学文远楼等；第三类是借鉴前苏联的建筑形式的，包括1954年建成的北京苏联展览馆（今北京展览馆）和1955年建成的上海中苏友好大厦（今上海展览中心）等。这两栋建筑均由前苏联建筑师和中国建筑师合作设计，对中国的室内设计师培养起到了积极的作用。

1958年，为庆祝中华人民共和国成立十周年，国家决定在北京兴建人民大会堂、中国革命和中国历史博物馆、民族文化宫、中国人民革命军事博物馆、全国农业展览馆、北京火车站及北京民族饭店等"十大建筑"。这些建筑虽然集中于北京，却全面反映了我国当时建筑设计和室内设计的最高水平。**在中国现代室内设计学科的形成方面，具有标志性的意义。为设计好"十大建筑"，国家动员了大批优秀建筑师、美术家和室内设计工作者，在他们的通力合作下，"十大建筑"以极高的质量展现了伟大的首都。"十大建筑"，特别是人民大会堂的设计，提高了室内设计的地位，初步改变了室内设计从属于建筑设计的局面。可以这样说，从"十大建筑"开始，中国的室内设计已经逐步成为独立的学科和专业。**

综观"十大建筑"的室内设计，以下两个特点是十分突出的：一是立意上突出表现中华人民共和国成立的伟大意义，具有明显的纪念性；二是在形式创造上借鉴传统设计方法，具有明显的民族性。**中华人民共和国的成立，标志着中国人民在中国共产党的领导下经过艰苦卓绝的斗争，终于彻底推翻了帝国主义、封建主义和官僚资本的统治，开辟了中国历史的新纪元。作为庆祝建国十周年纪念物的"十大建筑"，自然要以歌颂党和领袖、歌颂各族人民大团结、歌颂革命与建设所取得的巨大成就为主题；自然要表现中华民族自立于世界民族之林的决心与信心；自然要表现人民当家做主的自豪与喜悦。**

人民大会堂（图2-34、图2-35）等建筑的室内设计手法与上述立意是相合的。设计者从中国传统文化中汲取营养，采用中轴对称及"水天一色""万丈光芒满天星"等手法，体现庄严宏伟的气势；运用贴金廊柱（图2-36）、彩画藻井（图2-37）、铜制花饰等要素，体现中国传统文化的神韵，还运用隐喻手法，以太阳、五角星、旗帜、麦穗、葵花等图案，表达政治性的主题，做到了形式与内容的统一。

二、停滞期（1960—1977年）

1960—1965年，我国遇到了严重的自然灾害，国民经济进入调整阶段。基建项目大大压缩，非生产性建筑基本停止，只有已开工的项目在续建。这一时期建成的主要建筑有北京中国美术馆、首都体育馆、成都锦江饭店及上海虹桥机场航站楼等。

1966年之后，建筑业与各行各业一样，受到了严重的冲击。建设项目寥寥无几，建筑理论和建筑创作几乎全都停滞不前。这段时期前后建成的主要建筑有1973年落成的扬州鉴真纪念堂（图2-38、图2-39）、1974年建成的北京饭店东楼（图2-40）和1975年建成的上海体育馆（图2-41）等。

1976年，伟大领袖毛主席与世长辞，全党全国人民无限悲痛。广大建筑师和室内设计师怀着无限怀念和崇敬的心情参与了毛主席纪念堂（图2-42）的设计，他们以完整的空间序列，巨幅壁毯，凹雕贴金的毛主席诗词、沥粉贴金的天花，松柏、葵花、梅花等含意深刻的图案以及神态可亲的毛主席坐像（图2-43）等创造了一个成功的瞻仰环境。

图2-34　人民大会堂内景1

图2-35　人民大会堂内景2

图2-36　人民大会堂彩画藻井

图2-37　人民大会堂贴金廊柱

图 2-38　扬州鉴真纪念堂内景

图 2-39　扬州鉴真纪念堂走廊

图 2-40　北京饭店东楼内景

图 2-41　上海体育馆内景

图 2-42　毛主席纪念堂内景

图 2-43　毛主席坐像

三、发展期（1978 年至今）

1. 发展前期的室内设计

1978 年 12 月，党的十一届三中全会胜利召开。全会决定，把党的工作重点转移到社会主义现代化建设上来，并提出了改革开放的方针和解放思想、实事求是的路线。十一届三中全会后，国民经济迅速得到恢复和发展，人民的生活也迅速提高到一个新水平。思想的解放，需求的增加，为室内设计与装修的发展创造了良好的条件，中国现代室内设计很快进入迅猛发展的阶段。1979 年，北京首都国际机场（图

2-44）落成，航站楼的设计获得成功，其中的壁画（图 2-45）对后来的壁画创作起到了明显的推动作用。

2. 20 世纪 80 年代到 90 年代的室内设计

中国建筑界对过去几十年的发展道路进行了认真的思考，为适应对外开放的需要，设计了大量优秀的建筑。属于宾馆类的主要建筑有 1982 年建成的北京香山饭店（图 2-46）、北京建国饭店、上海龙柏饭店和福建武夷山庄，1983 年建成的北京钓鱼台国宾馆 12 号楼、广州白天鹅

图 2-44　北京首都国际机场内景

图 2-45　北京首都国际机场壁画

图 2-46　北京香山饭店内景

宾馆和北京长城饭店，1985 年建成的深圳南海酒店、新疆迎宾馆和山东的阙里宾舍，1986 年建成的北京昆仑饭店和上海的华亭宾馆，1988 年建成的北京国际饭店以及 1989 年建成的北京王府饭店和上海的新锦江饭店等；属于文化教育类建筑的有 1985 年建成的北京国际展览中心和北京中央电视台彩电中心，1987 年建成的北京图书馆新馆（图 2-47）和中国人民抗日战争纪念馆，1988 年建成的天津大学建筑馆以及 1989 年建成的广州西汉南越王墓博物馆和中国工艺美术馆等；属于体育类建筑和其他类型建筑的有 1985 年建成的深圳体育馆，1987 年建成的广州天河体育中心，1988 年建成的敦煌机场航站楼（图 2-48）以及 1989 年建成的深圳国际贸易中心和北京石景山体育馆（图 2-49）等。

从风格特点上看，20 世纪 80 年代的建筑设计与室内设计大致有两类：一类侧重体现现代感；一类侧重体现民族性与地域性。后者以宾馆、酒店居多，香山饭店、白天鹅宾馆、阙里宾舍等都是这类作品中颇受好评的代表作。20 世纪 90 年代是我国室内设计迅猛发展的年代，原因是国民经济飞速发展，人民生活水平日益提高，改革开放力度加大，内外交流更加频繁。建筑的数量和类型增多了，对室内环境的要求也更高了。如果说，20 世纪 80 年代的设计对象多为宾馆和酒店，那么，20 世纪 90 年代已涉及行政、文教、金融、贸易、交通、餐饮、娱乐、休闲、旅游和体育等各个领域。这时的主要建筑有 1990 年建成的北京京广中心、上海商城，1992 年建成的北京燕莎中心，1995 年建成的天津吉利大厦、上海新世纪商厦，1996 年建成的深圳地王大厦，1997 年建成的北京新东安市场和上海商务中心（图 2-50），1991 年建成的陕西历史博物馆（图 2-51）、北京炎黄艺术馆，1995 年建成的威海甲午海战馆、上海东方明珠电视塔（图 2-52）和 1996 年建成的上海图书馆新馆（图 2-53），还有 1990 年建成的国家奥林匹克中心，1995 年建成的天津体育中心和 1997 年建成的上海体育场等。

图 2-47　北京图书馆新馆内景

图 2-48　敦煌机场航站楼内景

图 2-49　北京石景山体育馆内景

图 2-50　上海商务中心酒店内景

图 2-51　陕西历史博物馆内景　　　　　图 2-52　上海东方明珠电视塔　　　　　图 2-53　上海图书馆新馆内景

贝聿铭："这是我设计的最后一座大房子"

小/贴/士

　　1988 年，建筑大师贝聿铭做了一个决定：不再接手大规模的建筑设计。那一年他 71 岁，大工程已开始让这位老人感到身体吃不消。同时，在对建筑的思考上，他也更倾向于回归自然，探索小而美的东方意境。

　　因此，当 1995 年贝聿铭担纲北京中国银行总行大厦设计顾问时，业内一片哗然。这座大楼由贝聿铭之子贝建中、贝礼中组建的贝氏建筑事务所承担具体设计任务，而贝聿铭则为整体方案提供诸多灵感。2001 年，贝聿铭专程来北京参加了大楼竣工仪式，并说道："这座建筑，我花了 7 年时间。这是我设计的最后一座大房子。"

　　住宅室内设计的兴起，在我国室内设计发展史上具有极其重要的意义，它标志着室内设计已经不再为少数大型公共建筑所专有，而是进入了寻常百姓家，"以人为本"的设计理念，从此有了更加深刻的内涵。

　　纵观 20 世纪 90 年代的室内设计，有以下几个特点：一是发展迅速；二是风格多样；三是设计水平逐步提高。

3. 当代中国室内设计的现状

　　21 世纪的建筑设计的特点是简洁、几何、新材料，如国家体育场（鸟巢）（图2-54）、中国中央电视台新址、国家大剧院、水立方（图 2-55）、上海世博建筑群等。

　　目前室内设计中，出现了多种风格形式，不同的风格有着不一样的韵味。但当代中国的设计多数是"有其形却无其神"，如果说我们对其他流派和风格把握不到位是因为我们对别国的文化底蕴不了解，那

图 2-54　国家体育场（鸟巢）内景

么我们应十分了解中国文化，但所做的大多数设计还是没有找到好的突破口，还是停留在过去，没有与国际接轨。当然值得庆幸的是，今天中国也不断涌现出一些中西文化兼通的设计师，他们没有放弃对自身文化的新尝试，并有了一些成功的例证，如上海的新天地（图2-56、图2-57）。

中式元素涵盖着深厚的文化内涵，与传统的佛道文化也颇有渊源。室内设计师们一直喜欢将中式元素运用到设计中来，今天不少前卫的设计师将中式元素与传统符号以现代的手法与现代的材料表现出来，更有一番韵味。中式元素一般包括中式家具、中式装饰符号以及中式设计思想等内容。

图2-55 水立方内景

图2-56 上海新天地夜景

图2-57 上海新天地街景

现代中式风格

小/贴/士

中国风并非完全意义上的对古代风韵的拓印，而是通过中式风格的特征，表达对清雅含蓄、端庄丰华的东方式精神境界的追求。中国风具体体现在传统家具（多为明清家具）、装饰品及以黑、红为主的装饰色彩上。室内多采用对称式的布局方式，格调高雅，造型简朴优美，色彩浓重而成熟。中国传统室内陈设包括字画、匾幅、挂屏、盆景、瓷器、古玩、屏风、博古架等，追求一种修身养性的生活境界。中国传统室内装饰艺术的特点是总体布局对称均衡，端正稳健，而在装饰细节上崇尚自然情趣，花鸟、鱼虫等精雕细琢，富于变化，充分体现出中国传统美学精神。中式风格适合性格沉稳、喜欢中国传统文化的人。只要适当发挥各种建材的特性，即使是使用玻璃、金属等现代建材，也一样可以表现中式风格。

当代西方设计师也在借用中国传统元素，为西方设计寻找突破口。简单介绍一下"中国红"这样一个代表中国设计的元素。"中国红"可以分为两大类：一类是源于传统的原味中国红，红得鲜艳、纯正，具有强烈的视觉冲击力；一类是珊瑚粉中加入了一些玫瑰色相的墙面红，缓和了原味中国红的冲击力，更适合在城市有限的空间面积中使用。**传统的中式设计，总体上显得过于陈旧沉闷，在当代时尚生活中，需要有所突破，需要融入一些现代元素到设计中。我们应推陈出新，将传统的中国元素与实用主义和功能主义相结合。继承和发扬中国传统文化，使中国元素与现代设计完美结合，将传统室内设计的风雅意境注入现代室内设计中。**

第三节
案 例 分 析

一、苏州博物馆新馆

1.建筑概况

苏州博物馆（图2-58）建于1960年，是国内保存完整的一组太平天国历史建筑物。1999年苏州市委、市政府邀请华人建筑师贝聿铭设计苏州博物馆新馆。2006年10月6日，苏州博物馆新馆建成并正式对外开放。新馆占地面积约10700 m²，建筑面积超过19000 m²，加上修葺的太平天国忠王府，总建筑面积达26500 m²，投资达3.39亿元，是一座集现代化馆舍建筑、古建筑与创新山水园林于一体的综合性博物馆。

建筑沿东、西、中3条轴线布置：中间部分是入口庭院、大厅和主庭院；西侧为主展区和视听室，用以展览苏州本地出土的文物；东侧是现代艺术馆、教育设施、商业服务设施，以及后勤管理区等。**由于位于保护区内，对建筑的高度需要严格控制，所以博物馆新馆主体为一层，檐口高度都控制在6 m以下。为了满足展览面积的需要，一部分展厅被设在地下一层。**

新馆建筑采用院落式布局，其空间结构与毗邻的忠王府、拙政园浑然一体。东侧部分由于直接和忠王府并列，其空间形态更接近传统院落形式；相比之下，西侧和中部两组建筑就处理得灵活了很多，除建筑局部为两层外，建筑形式呈现出中西合璧的影子。

图2-58　苏州博物馆新馆全景

2. 设计元素

色彩和建筑风格是苏州博物馆与周围环境协调的另一重要手段。吴门建筑一贯的粉墙黛瓦（图 2-59）在新馆中得到了进一步的传承和发扬。同样是黑白组合（图 2-60），但已不拘泥于传统的材料和形式。新馆建筑保持了江南建筑一贯的内敛气质，外墙高大封闭，没有多余的装饰，墙面以白色为主，边缘用黑色石材勾边，简洁大方。**从街道上观察，建筑在不给行人带来压迫感的同时，又巧妙地引起了人们的好奇心，想要一探其究竟。**

新馆大门（图 2-61）和入口大厅（图 2-62）是设计的重点，在这里贝先生没有刻意模仿古典园林的建筑符号，而是对传统的建筑形式进行了概括和抽象。大门采用了玻璃重檐双坡式金属梁架结构，既含有传统建筑文化中大门的造型元素，又用现代材料赋予其崭新的风格。

贝聿铭在论述自己的设计时这样说："大门的处理很重要，大门要有气派，但又得有邀人入内的感觉。我记忆中的许多深宅大院，包括我儿时玩耍的狮子林，大多是高墙相围，朱门紧闭。而博物馆是公共建筑，我想在这里用一些新的设计手法，让博物馆更开放一点，更吸引人。同时，游客一进大门，就应感受到堂堂苏州博物馆的气派。"

穿过大门，一个由钢梁和金属百叶构成的入口（图 2-63）吸引了所有来访者的目光。通过一个别致的圆形孔洞（图 2-64），人们可以感受到浓浓的中国情调。以借景的手法，设计师将空间的灵性与活力展现给观众，远处的山水园林也成为联系内外空间的纽带。

图 2-59　粉墙黛瓦

图 2-60　灰白色调

图 2-61　新馆大门

图 2-62　入口大厅

图 2-63　钢梁和金属百叶构成的入口近景

图 2-64　圆形孔洞

博物馆屋面泄水不再依靠传统的瓦楞铺流排出，而是通过屋面将雨水渗透至金属板，借助金属板的泄水系统处理滞留积水（图2-65）。利用水循环既调节湿度和温度，又增加生机，水泥台阶（图2-66）的镂空架设也很有新意。**苏州博物馆的新馆创造性地大量使用了钢结构，寻求一种传统意义的现代表达，同时将精细典雅、轻灵质感、通透明快的风格融入到建筑当中，摆脱了传统建筑给人的束缚。特别是贝聿铭大师提出承重的钢结构要部分外露，这就要求项目人员必须精确落实每个层面的"点"与"线"，才能完美地达到设计要求。**

博物馆的陈设（图2-67、图2-68）极具中国古典之风，使文物与环境融为一体，既增添了文物的文化底蕴，又深化了博物馆的文化氛围。

3. 设计理念

苏州博物馆新馆是由世界著名建筑大师贝聿铭担纲设计的。他坚持"苏而新，中而新"的设计理念，即在苏州博物馆新馆的设计中，既体现苏州古典园林的风格和悠久的地域历史文化特色，又体现现代科技发展成果，并借鉴西方博物馆建筑艺术的优秀成果。

独具特色，无与伦比的苏州博物馆新馆得到了社会各界的一致好评。

图2-65 利用水循环调节湿度和温度

图2-66 水泥台阶

图2-67 博物馆内陈设1

图2-68 博物馆内陈设2

本 / 章 / 小 / 结

　　本章分中华人民共和国成立之前和中华人民共和国成立之后两个阶段分析中国近现代时期的室内设计发展史。重点分析了设计风格、设计趋向和设计要素，并与西方的设计进行了比较分析，使得读者更加透彻地了解中国室内设计史。

思考与练习

1. 中华人民共和国成立前后，中国的室内设计面临哪些困境？请简要概述。

2. 结合当时的社会背景，分析"十大建筑"中的某一两座建筑，简要说明其特点。

3. 课后查阅相关资料，了解各种室内设计风格。

4. 了解苏州博物馆新馆设计师贝聿铭，分析其设计特点。

5. 有条件的同学可以参观一下中国现代知名建筑，例如水立方、鸟巢等，近距离感受设计的魅力。

第二篇
外国室内设计史

随着人们对物质和精神的需求的提高，人们不只需要舒适的物质条件，而且对居室的艺术处理，如造型、色彩、布局的要求也越来越高。室内设计既包括公用建筑的室内设计，也包括家庭住宅的室内设计。

家庭住宅的室内设计与人们密切相关。每一个家庭的布局、摆设和装饰与这个家庭的成员的个性、喜好、审美趣味是分不开的，所以家庭室内设计不仅仅是建筑师、设计师应该关心的，也是我们每一个人，尤其是热爱生活、热爱艺术的人应该关心的事。

目前，国外建筑思潮纷杂，层出不穷的各种流派也反映到室内设计中来。其基本发展趋势是多种风格的并存发展。既有五光十色的玻璃、铝合金材料构造而成的室内设计，也有色泽淡雅、简洁明快的室内设计；有的室内设计采用舞台道具式装饰，有的室内设计为了表现结构美，将梁板、网架、设备管道、照明线路等进行各种色彩的装饰，还有的室内设计追求野趣、田园牧歌式的装饰风格。

第三章
古代时期

学习难度：★★★☆☆

重点概念：古代埃及柱式、爱琴海风格、希腊柱式、拱券

章节导读

人类大规模的建筑活动是从奴隶制社会建立之后开始的。主要有以下特征：开创了人类从无到有的建筑史；建造了人类第一批巨大的纪念性建筑；在尼罗河及两河流域的两岸产生了人类最早的住宅、府邸、宫殿、城市、陵墓、庙宇等类型的建筑。

知名建筑赏析　古罗马渡槽（图 3-1）

图 3-1　古罗马渡槽

第一节 古代埃及

在尼罗河两岸产生了人类第一批用巨大石材建造的纪念性建筑，它们具有震撼人心的巨大力量。

一、时代背景

在公元前 3200 年左右，埃及王国初步统一，实行奴隶主专制统治，国王法老掌握军政大权。在强大的君权统治下，皇帝的宫殿、陵墓以及庙宇成了主要的建筑物。尼罗河两岸树木稀少，气候炎热，北

部是沙漠，南部是山岩。早期的建筑材料是土坯与芦苇，之后重要的建筑常用石料。为了隔热，墙和屋顶做得很厚，窗洞小而少。

二、主要成就

古埃及的主要建筑成就可分为四个时期。

1. 古王国时期（公元前3200—前2130年）

这一时期，以陵墓为主，也被称为金字塔时代。代表建筑有萨卡拉昭赛尔金字塔（图3-2）、吉萨金字塔群（图3-3）等。萨卡拉昭赛尔金字塔内部，光线的明暗和空间的开阔形成强烈对比，极力渲染着统治者的"神性"。吉萨金字塔群建于第四王朝，位于今开罗近郊，主要由胡夫金字塔、哈夫拉金字塔、孟卡拉金字塔及狮身人面像（图3-4）组成。

图3-2　萨卡拉昭赛尔金字塔　　　　图3-3　吉萨金字塔群　　　　图3-4　狮身人面像

小/贴/士

为什么现代还有人设计金字塔造型？

从建筑史的角度来说。过去由技术或由功能形成的建筑形式，在长期的建筑实践中沉淀下来，变成一种美学样式。后来即使这类形式完全背离了原有的意义也会被人们认为是美的或是有纪念意义的。

例如，从石构的埃及建筑可以看到棕榈树柱的痕迹，从石构的帕提农神庙可以清晰地看到之前木构神庙的建造特点，虽然他们都不是用木头搭建的，但是过去的木材样式被认为是美的，所以还会把这种样式雕刻在石头上。

例如，早期罗马建筑虽采用了不起的拱券结构，但仍然要用希腊柱式装点神庙。虽然拱券完全不需要"柱式"来承重，但罗马人觉得"柱式"才是美的，仍然会用在拱券上。

2. 中王国时期（公元前 2130—前 1580 年）

这一时期，古埃及的手工业和商业发展起来，出现了一些有一定规模的城市。金字塔式的国王陵墓被地下墓室与崖墓代替，在这种情况下，国王陵墓的新格局改变了：祭祀的厅堂成了陵墓建筑的主体，扩展为规模宏大的祀庙，并且多建造在悬崖之前，按纵深系列布局。这类建筑主要有阿曼连罕一世石窟墓穴（图 3-5）。这座墓穴可以分为三个主要部分：门廊、正厅和神龛。墙面饰以壁画，天花板则用许多几何图案装饰，内部石柱的形状与后来的希腊多立克柱式类似。

3. 新王国时期（公元前 1582—前 332 年）

随着古代埃及贵族对陵墓建筑方式的改造，开始兴盛的陵墓建筑失去了它的优势，继之而起的是神庙。神庙遍及全国，其中以卡纳克阿蒙神庙（图 3-6）为典型代表。该神庙是所有太阳神庙中最大的，其殿内石柱如林（图 3-7），仅以中部与两旁屋面高差形成的高侧窗采光，光线阴暗，形成了法老所需要的"王权神化"的神秘气氛。

此外还有哈塞布苏女王陵庙和阿蒙神大石窟庙，哈塞布苏女王陵庙共有三个层次，以斜道相接，最后一层通往山岩，也就是墓穴所在之处，庙宇的立面为列柱形式，内有相当精美的装饰，用以描绘女王的各种战绩。阿蒙神大石窟庙通过凿岩而成，内部有前后两个柱厅，尽端是神堂。前柱厅的八根柱子是神像柱，周围墙上布满壁画。

这一时期形成了一个重要的城市——阿玛纳城。阿玛纳城主要建筑物分布于御道两侧，最宏伟的是神庙。神庙由若干筑有围墙的庭院组成，各庭院均与露天的主祭坛相通。神庙附近是宫殿及内庭。大多数建筑是用烧过的泥砖建成的，而住宅的墙壁、地板与天花板等部位都有彩绘，形象生动而自然。每幢较大房舍都设有神龛，内供石碑，碑上主要描绘的是阿玛纳人家居生活的场景。

4. 晚期（公元前 332——前 30 年）

该时期的古埃及受到亚述、波斯、希腊等国的侵略，并最终被古罗马吞并，在此过程中，古埃及建筑受外来文化的影响，设计和施工变得精巧、细致。古代埃及还出现了一种特殊的建筑样式——方尖碑（图 3-8），方尖碑后来得以在西方国家被广泛地运用。

图 3-5　阿曼连罕一世石窟墓穴

图 3-6　卡纳克阿蒙神庙

图 3-7　卡纳克阿蒙神庙殿内石柱

图 3-8　卢克索神庙门口的方尖碑

三、设计要素

古埃及创造了人类最早的建筑艺术及室内装饰艺术，古埃及金字塔前的雕像，出土的墓室随葬品、壁画、艺术品都可以作为古埃及的风格运用于室内设计中。古埃及的柱式（图 3-9）是其建筑设计中最伟大的功绩，也是室内空间艺术中最富表现力的部分。

图 3-9　古埃及的柱式（柱式花纹从左至右依次为莲花苞、莲花、纸莎草花、棕榈叶）

在其新王国时期的神庙建筑中，其立柱采用高大的神像石柱，天花板上会刻有神鹰，墙壁和其他建筑构件也运用精美的雕刻（图 3-10）或壁画（图 3-11）。

古埃及的家具线条多由直线组成，家具腿造型多用兽爪，如狮爪、鹰爪、熊爪等（图 3-12）。其中许多家具装饰华丽（图 3-13），既有使用功能，又可作为住宅财富和权势的表现。家具表面采用油漆彩绘，或用彩釉、陶片、石片、螺钿和象牙镶嵌装饰，纹样以植物图案和几何图案为主（图 3-14）。古埃及家具的用料多为硬木（图 3-15），座面用皮革和亚麻绳等材料。一些小的木盒子常常镶嵌象牙装饰，用来存放化妆品或其他私人物品。一些遗留下来的纺织品说明了埃及人早已

图 3-10　古埃及石柱上的雕刻

图 3-11　古埃及壁画

图 3-12　兽爪造型的凳子　　　图 3-13　装饰华丽的椅子　　　图 3-14　椅子背面的　　　图 3-15　古埃及硬木枕头
　　　　　　　　　　　　　　　　　　　　　　　　　　　　　　　图案

有了高超的纺织技巧。

　　古代埃及在几何设计方面的技巧曾取得了伟大的成就，即黄金比。这种关系在历史上多次被发现，它作为一种特殊的比例关系被认为既具有美学意义又具有神秘色彩。**埃及的艺术和设计有规律地应用了这种精确的比例关系，而且许多其他简单的几何概念也在建筑、艺术和日常用品的设计中得到应用。这就可以确信埃及的许多作品具有的美学效果是来源于对"和谐"的控制。埃及设计艺术应用的比例关系在某种意义上，就像和谐的音乐和弦一样。**

　　埃及人应用色彩既强烈又很有效果。颜色主要用明快的原色以及绿色，也应用白色和黑色，后来渐渐只在直线的边缘处和有限的范围内应用强烈的色彩。**在室内的顶棚上经常涂着深蓝色，表示夜晚的天空。地面有时用绿色，可能象征着尼罗河。**

埃及的装饰风格

　　埃及的装饰风格在世界装饰艺术中独树一帜，主要表现在陵墓、庙宇、宫殿等建筑装饰上面，这与古埃及独特的地理环境和宗教信仰、审美心理有着直接的关系，古埃及装饰艺术风格体现出了一种神秘的宗教气息和庄重典雅的现实主义，呈现出独特的艺术魅力和审美价值，对世界其他民族的艺术也产生了很大的影响。

　　古埃及人崇拜太阳神，凡是与太阳和光相联系的东西都有一定的美感和价值。像闪闪发亮的星星、贵金属、宝石、明亮闪光的眼睛，都被看成美的对象。埃及人特别珍视黄金和天青石的颜色，认为这是最圣洁和最美丽的颜色。在埃及的铭文中，"金黄色的"这个词，往往是"美丽的"的同义语。

　　埃及风格的整体特征是简约、雄浑、具有宗教氛围。

第二节
古代爱琴海

爱琴文化存在于古希腊文化的前期。

一、时代背景

希腊半岛和小亚细亚之间，南面以克里特岛为界，这块海域称为爱琴海，在公元前3世纪时曾经有过相当发达的经济和文化。它的中心先后在克里特岛和巴尔干半岛上的迈锡尼。由于手工业和海上贸易的发达，爱琴海上的克里特岛同隔海的古埃及在文化上开始有了密切的交流。于是先后出现了克里特文化和迈锡尼文化，两者密切相关，共同构成了爱琴文明。爱琴文化也被一些人称为希腊早期文化。

二、主要成就

1. 克里特

大约在公元前2世纪中叶，克里特岛上的国家统治爱琴海达数百年之久。该国家是个早期的奴隶制国家，手工业和航海业很发达。

克里特文明主要是宫殿文明。克里特岛上的城市很富有，其中最重要的是克诺索斯城。克诺索斯王宫（图3-16）是希腊克里特岛上最大、最著名的宫殿。这是一座有厚重石头承重墙的石头宫殿，墙上有精美的彩绘壁画。**厚重的承重墙与跨度不大的石梁、石板把这个方形的王宫分隔成一些黑暗的小空间。宫内厅堂的房间总数在1500间以上。王宫楼层密集，梯道走廊曲折复杂，厅堂错落，天井众多，布置不求对称。**

图3-16　克诺索斯王宫

克诺索斯内部空间既不大也不高，尺度宜人，风格亲切，形式玲珑轻巧，变化突兀。宫殿内部富有装饰，石膏的台度用红、蓝、黄三色进行粉刷。王宫内部的廊道四周饰以艳丽的写实风格彩色壁画和框边纹样，壁画人物生动，如海豚和妇女等（图 3-17），装饰风格有点诡异，但线条流畅、准确。纹样以植物花叶为主要题材。

宫殿里广泛使用小巧的木质圆柱（图 3-18）。柱子上粗下细呈奇怪的倒三角形，可能是出于力学原因或是纯粹为了形式上的美。柱头大多采用圆盘装饰，柱头圆盘之上有一块方石板，之下有一圈凹圆的刻着花瓣的线脚。柱础则什么装饰都没有，是很薄的圆形石板，形式非常简洁。有些柱子的柱身有凹槽或者凸棱。这种柱子也流行于爱琴海各地，影响着早期的希腊建筑。

2. 迈锡尼

公元前 1500 年左右，克里特岛上的城市被外敌夷为平地。此时爱琴海文明由以克里特文明为主转入以迈锡尼文明为主。迈锡尼的文明以城堡、圆顶墓建筑及精美的金银工艺品著称于世。其中的迈锡尼卫城是迈锡尼文化的综合体现。

迈锡尼卫城（图 3-19、图 3-20）位于希腊半岛上，它和附近城市的文化略

晚于克里特文化。迈锡尼卫城外围由巨大的回形墙所围绕。城里宫殿、贵族住宅、仓库、陵墓等一应俱全。**宫廷的特色是类似较早的希腊模式的大厅，称作正厅。正厅形成建筑物的中心，中间有一个圆形的地炉，两旁各有一根圆柱，还有玄关和接待室。庭院周围和其他房间的地面和墙壁都涂有灰泥，墙上有壁画装饰。**

在迈锡尼卫城入口处，有一个可供骑兵和战车通过的狮子门（图 3-21）。狮子门建于公元前 1350—1300 年，门上过梁是一块重达 20 吨的巨石，在巨石的门楣上有一个三角形的叠涩券，用以减少门楣的承重力。这个叠涩券是世界上最早的券式结构遗迹之一。三角形叠涩券中嵌入一块雕着双狮的三角形的石板浮雕（图 3-22），双狮刻工精细传神，狮子门因此而得名。

在迈锡尼卫城内，有一座蜂巢式的建筑——阿特雷斯宝库，为拱顶蜂巢式的墓室（图 3-23），墓前有一条长达 40 米的石头走廊。墓室入口高达 5 米，两侧矗立着两根带有三字形凹槽装饰的绿色大理石石柱。墓门由两块巨石板铺成，其中的一块石板有 9 米长。整个墓室采用蜂窝形圆顶，内部并无水泥进行黏合，表现出迈锡尼人高超的建筑技术（图 3-24）。这种

图 3-17 壁画

图 3-18 木质圆柱

图 3-19 圆形墓遗址

图 3-20　圆形墓复原图

图 3-21　狮子门远景

图 3-22　狮子门浮雕

图 3-23　阿特雷斯宝库墓室

图 3-24　阿特雷斯宝库墓室内部构造

圆形墓在当地很普遍，但它内壁全部贴着铜皮，节点上用黄金的团花装饰，具有王者的风范。

三、设计要素

装饰结构包括建筑元素，如圆柱、檐壁雕带以及不同风格的装饰线条（图3-25）；还包括墙饰元素，如壁画（图3-26）、彩色浮雕以及马赛克拼贴。

日常家具包括多种材料所制的各式器皿，从巨大的储物罐到微小的软膏瓶；厨房用具；椅子、桌子等，都用石头或赤陶制成。

艺术作品主要有塑形作品，如石雕或象牙雕刻，浇注或锻打出的金属（金、银、铜及青铜）（图3-27），或黏土、釉陶、糊料等所制的模型；各种花瓶，有大理石或其他石刻的、有金属铸造或锻造的、有

图 3-25　装饰线条

图 3-26　壁画

图 3-28　爱琴海

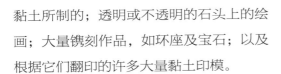

图 3-27　金属器物

图 3-29　爱琴海装修风格

黏土所制的；透明或不透明的石头上的绘画；大量镌刻作品，如环座及宝石；以及根据它们翻印的许多大量黏土印模。

　　爱琴海（图 3-28）的蓝色与天相接，白色的海岸，充斥着无限的浪漫，成为很多人的向往。海边的建筑也是白色和蓝色的融合。因为爱琴海边的居民想拥有像海一样渐变的蓝，和爱琴海的蓝色融为一体，与天相接。与其他设计不同的是，它的蓝色不是幽静的、静止的，它的流动感更让人感受到自然的生机和活力。白色基调的房间用蓝色的桌布和楼梯作点缀，

像是爱琴海和白色沙滩的一个缩影（图3-29）。屋内深深浅浅的蓝色与白色交织，让爱琴海的浪漫、纯净，延伸到屋内。这样的家，像一个纯净的人间天堂。

　　爱琴海风格和地中海风格类似，所谓的爱琴海装修风格其实是地中海风格的一种。就颜色和饱和度来说，相对低于地中海风格，整个色调以明亮温馨、华丽浪漫为主；采光自然，总体来说，爱琴海风格更偏田园风一点。所以爱琴海的颜色特点就是无须造作，本色呈现。

小/贴/士

爱琴海装修风格——家居特点

1. 在家具选配上

通过擦漆做旧的处理方式，搭配贝壳、鹅卵石等，表现出自然清新的生活氛围。爱琴海风格的家具在选色上一般选择直逼自然的柔和色彩，在组合设计上注意空间搭配，充分利用每一寸空间。其特有的罗马柱般的装饰线简洁明快，流露出古老的文明特征。

2. 在造型上

广泛运用拱门与半拱门，给人延伸般的透视感。它通过空间设计上的连续拱门、马蹄形窗等来体现空间的通透，用栈桥状露台，开放式房间功能分区体现开放性，通过一系列开放性和通透性的建筑装饰语言来表达地中海装修风格的自由精神内涵。

3. 在材质上

一般选用自然的原木、天然的石材等，用来营造浪漫、自然的氛围。同时，它通过选用天然的材料方案，来体现向往自然、亲近自然、感受自然的生活情趣，进而体现地中海风格的自然思想内涵。

4. 在色彩上

以蓝色、白色、黄色为主色调，看起来明亮、悦目。

第三节
古 代 希 腊

从公元前8世纪起，在巴尔干半岛上、小亚细亚西岸和爱琴海的岛屿上建立了很多小小的奴隶制城邦国家。它们向外移民，在意大利、西西里和黑海沿岸建立了许多国家。它们之间的政治、经济、文化关系十分密切，虽然从来没有统一，但总称为古代希腊。

一、时代背景

古希腊是欧洲文化的摇篮。古代希腊的海上贸易发达，各国经济文化交流频繁，受古埃及文化和古西亚文化影响较大。古希腊的建筑是西欧建筑的开拓者。它的一些建筑物的形制和艺术形式，深深影响着欧洲两千多年的建筑史。古希腊建筑在技术上也日渐成熟，开始从木构向石构演进。

古希腊建筑风格和中国古代建筑风格的区别

小／贴／士

1. 材料

广义上说，古希腊建筑以石质建筑居多，而中国古代建筑以木结构为主体。

2. 布局形式

古希腊的建筑布局形式呈开放式，中国古代建筑的布局呈封闭式。

3. 追求

古希腊建筑注重建筑本身，追求高大、雄伟；中国古代建筑注重建筑和环境的协调，追求精美、雅致。

4. 装饰

古希腊建筑以石雕为主要装饰；中国古代建筑以木雕、绘画为主要装饰。前者雕刻的对象主要为人，后者刻画的对象主要是自然界中的神灵、宗教人物。

二、主要成就

古代希腊的建筑按其历史发展可以分为四个时期。

1. 荷马时期

该时期，氏族社会开始解体，氏族贵族已经成为特殊人物，占有少量的奴隶。可能由于公元前一世纪之初的部落大迁徙，这时期的希腊文化水平低于爱琴文化，但在许多方面继承了爱琴文化，包括在建筑方面。"主室"成了住宅的基本形制。由于跨度不敢做得大一点，所以平面很狭长，有的加一道横墙划分前、后间。氏族领袖的住宅兼做敬神的场所，因此早期的神庙采用了与住宅相同的正室形制。有些神庙在中央纵向加一排柱子，增大宽度，有一些神庙有前、后室，也添加了前廊。神庙的形制基本定了下来。

2. 古风时期

手工业和商业发达起来，新的城市产生。城市和它周围的农业地区一起形成了小小的城邦国家。同时，随着氏族公社的瓦解，许多人出海移民，在意大利、西西里、地中海西部和黑海沿岸建立了一批城邦国家。各城邦之间经济和文化的联系十分紧密。这时期古希腊的宗教定型了，守护神崇拜从泛神崇拜突显出来，形成了一些代表古希腊意义的圣地。在这些圣地里，形成了希腊圣地的代表性布局。神庙改用石头建造了，并且形成了一定的形制。同时"柱式"也基本定型了。

3. 古典时期

此时期是希腊文化的极盛时期。这时期，自由的民主制度达到很高的境界，出现了一些商业、手工业发达的城邦，如雅典、米利都等。一场战役之后，雅典成了全希腊各城邦的盟主，雅典的经济和文化空前高涨。这时候，圣地建筑群和神庙建筑完全成熟，建造了古希腊圣地建筑群艺术的最高代表——雅典卫城（图3-30），古希腊神庙建筑艺术的最高代表——帕特农神庙（图3-31）。此外，还有大量供奴隶主与自由民进行公共活动的场所，如露天剧场、竞技场、广场和敞廊等。该时期的建筑讲究艺术效果，对后来的古罗马建筑与19世纪西方资产阶级的复古主义建筑思潮都有很大影响。

4. 希腊化时期

公元前4世纪后期，希腊古典文化随着马其顿远征传到了北非与西亚，建筑风格同当地传统建筑相结合，体现出新的特点。地中海东部的埃及、小亚细亚、叙利亚等地区在文化上受到希腊文化的强烈影响，这些希腊化国家同时保留着本身的东方文化传统，但又结合了希腊建筑的一些特点。

三、设计要素

希腊神庙的构造很简单，神堂一般只有一间或两间，用来供奉神像，也象征着神的家。最明显的建筑形式是采用周围柱廊的形式，一般在正立面和背立面采用六柱式和八柱式，在其两边还各有一排柱子，形成了完整的周围柱廊形式。最著名和最明显的特征是对柱式的应用。

最古老的和最值得称赞的柱式是多立克柱式（图3-32），多立克柱式是古典建筑的三种柱式中出现最早的一种（公元前7世纪）。在希腊，多立克柱式一般都建在阶座之上，特点是柱头为倒圆锥台，没有柱础。柱身有20条凹槽，柱头没有装饰。通常，柱下径与柱高的比例是1：5.5，柱高与柱直径的比例是4：1或6：1。多立克柱又被称为男性柱。著名的雅典卫城的帕提农神庙采用的就是多立克柱式。

爱奥尼柱式（图3-33）的特点是比较纤细秀美，又被称为女性柱，柱身有24条凹槽，柱头有一对向下的涡卷装饰。爱奥尼柱由于其优雅高贵的气质，广泛出现在古希腊的大量建筑中，如雅典卫城的胜利女神神庙和厄瑞克忒翁神庙。同希腊多立克柱式不同，爱奥尼柱通常竖在一个基座上，将柱身和建筑的柱列脚座或平台分开。柱帽通常附以一种椭圆与箭头交替排列的装饰线条。涡形装饰最初位于同一

图 3-30　雅典卫城

图 3-31　帕特农神庙

图 3-32　多立克柱式

图 3-33　爱奥尼柱式

图 3-34　科林斯柱式

个平面上，后来它们在角落上被安排呈角度突出。爱奥尼柱式的这个特点使得它比多立克柱式更为多变、适用，同时在角落将它扭转，不论从正面或侧面观察，它们都呈同样的宽度。

科林斯柱式（图 3-34）实际上是爱奥尼亚柱式的一个演变体，两者各个部位都很相似，只是柱头以毛茛叶纹装饰，而不用爱奥尼亚式的涡卷纹。毛茛叶层叠交错环绕，并以卷须花蕾夹杂其间，看起来像是一个花枝招展的筐篮被置于圆柱顶端，其风格也由爱奥尼亚式的秀美转为豪华富丽。其优点是华丽美观，还可置于建筑物的任何部位，柱头图案呈环绕状，因而适应各种观赏角度，从而在日后的希腊时期和罗马时期备受欢迎。

希腊早期的建筑以木构架为主，继承了迈锡尼文化的传统。迈锡尼宫的结构就是最简洁的井字梁构架，以木梁架和木柱共同完成室内承重，包括墙上的圈梁也是木结构的。正因为是木结构，所以室内的彩绘是色彩绚丽、五光十色的。墙上画满了壁画（图 3-35），地面是华贵的大理石，墙面涂成砖红色，在大厅中央的井字梁中心做有天井以满足采光的需求，所以室内

的结构井井有条，装饰庄重而华丽。这在公元前 1400 年前是十分了不起的工程。

古希腊建筑由于大量使用石材，且大多体现在神庙建筑上，所以特征更加明显。首先神庙的体量较大，跨度也非同寻常，由于石材承受横向荷载的能力较差，所以厚厚的承重梁板不得超过 3 米的跨度；石材承受垂直荷载的能力极强，所以石柱又成为主要承重构件，它与外廊柱、室内叠柱、梁板、厚厚的承重墙共同承重，这样就形成了特有的密密麻麻的柱子。厚厚的承重墙在没有混凝土的情况下不能开窗，以避免破坏墙体承重的刚性。这就形成了古希腊建筑特有的室内装修风格——室内塞满了柱子，墙上没有窗，室内是阴暗的。石材装修给人冷峻威严的空间感受，所以

图 3-35　古希腊写实壁画

也不加多余的彩绘装饰，即便当年有局部绚丽的彩绘，由于石材附着颜色能力差，历经沧桑后也脱落殆尽了。石材建筑的主要装饰艺术就是雕刻艺术，大理石圆雕（图 3-36）与浮雕（图 3-37）在希腊建筑中得到广泛的使用。古希腊建筑的柱式、建筑雕饰、题材性的浮雕与圆雕共同将希腊建筑造就成一件完美的雕刻作品。

公元前 5 世纪以后，古希腊家具出现了新的形式。典型的是被称为"克里斯莫斯"的希腊椅子（图 3-38），采用优美的曲线形椅背和椅腿，结构简单、轻巧舒适。家具的表面多施以精美的油漆，装饰图案以在蓝底上漆画的棕榈带饰的卍字花纹最具特色。古希腊家具在形式比例上有自己的特点。普通的凳子，凳脚采用车木技术，但车木部分在直径上有适度的渐变，在间距上也有十分和谐的比例关系。整体显得轻巧优雅。装饰纹样（图 3-39）有植物纹样、动物纹样与几何纹样等，其中许多动植物纹样同古埃及和亚述的类似，如莲花、斯芬克斯（狮身人面像）、天鹅、鹰、棕榈等，只是在具体处理及艺术思想上有所差异，几何纹样一般与动植物纹样结合运用，主要用来调整构图效果和起装饰作用。

图 3-36 古代希腊圆雕掷铁饼者

图 3-37 古代希腊帕特农神庙浮雕

图 3-38 "克里斯莫斯"椅

图 3-39 斯芬克斯装饰纹样

古希腊设计风格特征

小/贴/士

神庙建筑体现了希腊古典风格单纯、典雅、和谐的风貌。多立克柱式、爱奥尼柱式、科林斯柱式是希腊风格的典型柱式，也是西方古典建筑室内装饰设计特色的基本组成部分。

古希腊设计风格崇尚简约、和谐，讲究对称之美，色调以明亮的白色或蓝色为主，可点缀复古元素，如铁艺的莨苕叶和涡卷等花草，其修饰特质由曲线和非对称线条组成，如花梗、花蕾、葡萄藤、昆虫翅膀以及自然界各种优美的形体图案等，也可用绿色植物做装饰陪衬。另外可用古希腊的黑色与血色来修饰背景和渲染气氛。

古希腊设计风格同时也用古瓶、竖琴、花环等作为饰物，体现在墙面、栏杆、窗棂和家具等修饰上。线条有的优美风雅，有的遒劲而富于节拍感，整个平面形状都与层序显明的、有节拍的曲线融为一体。

第四节
古代罗马

古代罗马国家是以罗马城为中心发展起来的。罗马城位于意大利半岛的台伯河流域。罗马城是由山丘上的七个村落联合而成的，到公元前6世纪，周围筑起城墙，这就是罗马城。

一、时代背景

公元前509年，罗马建立了奴隶制共和国。罗马不断扩张，先统一了意大利半岛，到公元前2世纪，它已经占有地中海周围从西班牙到小亚细亚的许多地方，称霸地中海。公元1—3世纪是古罗马帝国最强大的时期，也是建筑最繁荣的时期。**古罗马建筑规模之大，质量之高，数量之多，分布之广，类型之丰富，形制之成熟以及艺术形式和手法之多样，旷古未有。古罗马建筑繁荣的原因有以下几点：它统一了地中海沿岸最先进、富饶的地区；公元前2世纪到公元2世纪是奴隶制度的极盛时期，生产力达到古代世界的最高水平，经济发达，技术空前进步；古罗马建筑，包括公共建筑，都是为现实的世俗生活服务的，而罗马现实的世俗生活极其发达。**

二、主要成就

古代罗马的建筑按其历史发展可分为三个时期。

1. 伊特鲁里亚时期

伊特鲁里亚曾是意大利半岛中部的强国。其建筑在石工、陶瓷构件与拱券结构方面有突出成就。罗马王国初期的建筑就是在这个基础上发展起来的。古罗马建筑能满足各种复杂的功能要求，主要依靠水平很高的拱券结构，获得宽阔的内部空间。公元1世纪中叶，出现了十字拱，它覆盖方形的建筑空间，把拱顶的重量集中到四角的墩子上，无需连续的承重墙，空间因此更为开敞。把几个十字拱同筒形拱、穹窿组合起来，能够覆盖复杂的内部空间。罗马帝国的皇家浴场就是这种组合的代表作。

古罗马建筑中用到的大量石头来自哪里?

建造罗马的时候很多石料都取自罗马地下,现在有非常多的"罗马地陷",都是当年的罗马采石场。

罗马的建筑能维持那么久,其实跟建筑所用的材料密切相关。罗马混凝土的特殊材料是火山灰,加入了这个材料之后比现代混凝土的结构要持久得多,而且甚至在水下就可以干燥凝结,罗马人最早应用了这一技术。

2. 罗马共和国时期

罗马在统一半岛与对外侵略中聚集了大量劳动力、财富与自然资源,在公路、桥梁、城市街道与输水道方面进行大规模的建设。公元前146年对希腊的征服,又使它承袭了大量的希腊与小亚细亚文化和生活方式。于是除了神庙之外,公共建筑,如剧场(图3-40)、竞技场、浴场、巴西利卡等十分活跃,并发展了古罗马角斗场(图3-41)。同时古希腊建筑在建筑技艺上的精益求精与古典柱式也强烈地影响着古罗马。

3. 罗马帝国时期

公元前30年罗马共和国执政官奥古斯都称帝。从帝国成立到公元180年左右是帝国的兴盛时期,这时,歌颂权力、炫耀财富、表彰功绩成为建筑的重要任务,建造了不少雄伟壮丽的凯旋门(图3-42),纪功柱和以皇帝名字命名的广场、神庙等。此外,剧场、圆形剧场与浴场等亦趋于规模宏大与豪华富丽。3世纪起帝国经济衰退、建筑活动也逐渐没落。以后随着帝国首都东迁拜占庭,帝国分裂为东、西罗马帝国,建筑活动仍长期不振,直至476年,西罗马帝国灭亡为止。

三、设计要素

古罗马建筑的设计艺术基本上沿袭了古希腊的建筑艺术,并且建筑新材料的出现将罗马建筑推上了一个新的高峰,创造了巨大的室内空间,无论是净高与净跨度都达到了空前的尺度。原始火山灰的使用从根本上突破了希腊建筑的梁板结构,出现了43 m跨度的大穹顶建筑。混凝土浇

图3-40　古罗马圆形剧场

图3-41　古罗马角斗场

图3-42　君士坦丁凯旋门

筑技术得到了新的发展，券柱墙和拱顶的出现使得室内的空间形象发生了革命性的变化。

拱顶建筑是古罗马建筑的又一创举。最早出现的一字筒形拱后来演变成一字交叉拱、十字交叉拱、棱拱，这样使得室内的空间形象变得更加丰富多彩，后来把许多棱拱集中起来就形成了连续集中的棱拱。集中棱拱的出现形成了大面积的柱网结构，由于柱网结构的出现，古罗马建筑的室内空间变得更加灵活多变，更加开阔宏伟。古罗马的大浴场就是集中棱拱的产物。浴场中尤为突出的是卡拉卡拉浴场（图3-43、图3-44），集中棱拱形成的天花丰富多变，巨大拱窗的采光可以让室内得到充足的阳光，无论是墙上、地上、天花上都饰以华贵的大理石，整个室内富丽堂皇，尊贵无比，充分展现了古罗马帝国的强大与皇帝的威严。

古罗马的住宅设计也很有特色，人们称为"庞贝四风格"，即以四种风格来区分庞贝城和罗马绘画、装饰的不同。这四种风格的共性：装饰都是有节制的，墙面划分很整齐，所有的装饰都规范在一定的几何形体内；色彩比较强烈、艳丽；喜欢用透视法制造幻视效果；采用有主题性的壁画做装饰。古罗马晚期建筑受到了波斯建筑的影响。波斯建筑中的马赛克镶嵌画大量地传到了古罗马，所以古罗马的室内墙面、地面到处嵌有马赛克装饰画。

古罗马的家具样式大致沿用了古希腊的形式，只是古希腊较为纯粹简洁，而古罗马帝国更加追求壮观、辉煌、华丽和繁复。有一个名词在装修时经常被用到：罗马柱（图3-45）。其实所谓的罗马柱，并非是罗马的创造，而是古希腊的柱式。希腊柱有三种柱式，而罗马柱则更多，一般有五种，因此它与希腊柱相比，其主要区别在于增加了基座，外形上更加细长，更趋于华丽细致，更加定型化。

与古希腊家具一样，古罗马家具（图3-46）也使用了动物腿、爪的样式，回旋车木腿也大量出现了。古罗马人日常生活使用最多的是坐具，有木制、铜制或大理石制的，与优雅的古希腊家具相比，古罗马的椅子形态变得厚重、笨拙，失去了原有的优雅感（图3-47）。罗马人在桌子方面创造了很多新的种类，包括厚重的

图3-43 卡拉卡拉浴场

图3-44 卡拉卡拉浴场内部

图 3-45　罗马柱（从左至右依次为多立克柱式、塔司干柱式、爱奥尼克柱式、科林斯柱式、混合柱式）

图 3-46　古罗马改过的"克里斯莫斯"椅

图 3-47　古罗马青铜雕刻三腿桌

大理石桌，显得庄严厚重，这种桌子到意大利文艺复兴时期演变成为一种台架桌，十分流行。古罗马人还发明了可以移动的柜子，成为现代橱柜、书柜的雏形。

制作古罗马家具的材料有名贵木材、青铜、大理石等，当时已有柳条编制家具，使用时，在家具表面通常覆盖织物。古罗马家具采用与古希腊一样的建筑装饰题材，青铜家具表面常用精细的浮雕装饰手法，如采用雄狮、半狮半鹫的怪兽、人像或叶形等装饰纹样，或以名贵木材、金属做贴面和镶嵌装饰。

古罗马设计风格特征

小／贴／士

通过圆拱、圆顶组成拱券结构，获得宽阔的内部空间。木结构技术中可区别木桁架的拉杆和压杆。发展了古希腊柱式构图，创造出柱式同拱券的组合，即券柱式构图，券柱式和连续券既作结构又作装饰。家具主要是青铜家具和大理石家具、木材家具。桌子、椅子常采用敦实的兽足形立腿、旋木腿。木家具开始使用格角榫木框镶板结构，并施以镶嵌装饰。常用纹样为雄鹰、带翼的狮、胜利女神、桂冠、忍冬草、棕榈、卷草、狮脚爪形、人面狮身形、莨苕叶形。

典型做法：列柱式中庭，有前后两个庭院，前庭中央有大天窗的接待室，后庭为各个家属用的房间，中间为祭祀祖先和家神之用，并有主人接待室。

第五节
案例分析：古代罗马建筑
——万神殿

1. 建筑概况

万神殿（图3-48）又译万神庙、潘提翁神殿，是至今唯一一座完整保存的罗马帝国时期建筑，始建于公元前27—25年，由罗马帝国首任皇帝屋大维的女婿阿格里帕建造，用以供奉奥林匹亚山上诸神，可谓奥古斯都时期的经典建筑。公元80年的火灾，使万神殿的大部分被毁，仅余一长方形的柱廊，有12.5米高的花岗岩石柱16根，这一部分被作为后来重建的万神殿的门廊，门廊顶上刻有初建时期的纪念性文字，从门廊正面的八根巨大圆柱仍可看出万神殿最初的建筑规模。

万神殿是古罗马精湛建筑技术的典范。它是一个宽度与高度相等的巨大圆柱体，上面覆盖着半圆形的屋顶。拉斐尔等许多著名艺术家就葬在这里，葬在这里的还有意大利君主专制时期的统治者。对面是罗通达广场，广场中央建有美丽的喷泉。万神殿是众神所在的神殿，见证了历史的变迁。

2. 设计元素

这座神殿之所以闻名，关键在于其全部采用古罗马的建筑体系。与中世纪欧洲盛行的哥特式建筑有着明显的差别。这座建筑是文艺复兴建筑所模仿的主要对象。换句话说，西方现代建筑的起点与这座建筑有着密切的关系。立柱、圆拱、圆顶、人字形墙等建筑元素都能在这座建筑中发现。

万神殿雄伟壮丽，正面有一个长方形的柱廊（图3-49），宽约34米，深达15.5米，16根科林斯式圆柱支撑着三角墙，砖墙上的铆钉和小洞表明原来由大理石和薄板构成的镶板已被迁移。16根圆柱分为前排8根，中、后排各排立4根，用整块花岗岩加工而成，柱身高12.5米，柱的底部直径为1.43米，柱头和底座是用白色大理石加工的（图3-50）。穹顶和柱廊原来都是用镀金铜瓦覆盖的，公元663年，东罗马帝国的皇帝下令揭下运往拜占庭。公元735年以后，罗马人用铅瓦覆盖。17世纪上半叶，柱廊的铜质天花也被人拆走了。

殿堂（图3-51～图3-53）建造比例协调，计算十分精确。直径与高度相等，约43米。大圆顶的基座从总高度一半的

图3-48 万神殿

图3-49 长方形的柱廊

图3-50 圆柱近景

图 3-51　殿堂内部 1　　　　图 3-52　殿堂内部 2　　　　图 3-53　万神殿宣教的讲台

地方开始建起，殿顶圆形曲线继续向下延伸形成的完整球体恰巧与地相接。拱门分担了整体的重量，整个殿堂内没有一根柱子。这是建筑史上的奇迹，表现出古罗马的建筑师们高超的建筑技术。神殿入口处的两扇青铜大门为至今犹存的原物，高 7 米，宽且厚，是当时世界上最大的青铜门（图 3-54）。

万神殿被米开朗基罗赞叹为"天使的设计"。穹顶上的圆孔（图 3-55）是大殿唯一的光源，正午时分可以看到神奇的光柱照射进来。科学的解释是考虑到气压差，可以换气等作用。万神殿的穹顶一度是世界上最大的圆顶，它采用了轻质材料火山灰，由下向上、由厚变薄的结构，底部厚达 6 米，顶部仅厚 1.5 米。5 排 28 格的凹槽，不仅使墙厚的递减更为合理，也增加了万神殿内部的美观性。身临其境会发现，对于建筑的审美和对众神的崇拜起到的作用远远大于科学意义本身（图

3-56）。

文艺复兴时期的万神殿成为墓地，一些艺术家被安葬在这里。意大利统一后最初的两个皇帝也葬在这里。万神庙里最让人难忘的就是拉斐尔的棺墓（图 3-57）。它与那个时期其他显贵的棺墓完全不同，没有厚重的石棺和守护神的雕像。仅仅有一个金属的花圈和两只金属的倒挂的小鸟，显得是那样的轻灵和脆弱，正象征着他绚烂而短暂的一生。壁龛里还有他的半身像（图 3-58）。

3. 美学风格

万神庙主体建筑的美学风格可以概括为简单而庄严崇高、神秘而宏伟富丽。内部结构的镀金铜饰件不仅因为重复的简单美而让人感到震撼，也从中看到富丽的堆砌。圆洞的设计把神像和天联系起来，这种神秘感是东西方宗教都在追求的，万神庙所展现的宏伟把这种神秘感扩大到一个相当的高度。柱廊的装饰虽然沿袭了原有

图 3-54　青铜大门　　　　图 3-55　穹顶　　　　图 3-56　穹顶上的圆孔透出的风景

图 3-57 拉斐尔的棺墓

图 3-58 壁龛里的半身像

的形制，但是这些科林斯廊柱把圆形的主殿衬托得甚为庄严。

万神庙宏伟的气势、复杂的结构和完善的功能展现了古罗马人的追求，是古罗马精神风貌在建筑上的反映。万神庙不仅保存了完好的建筑结构，还反映了古罗马对于神庙建筑的探索。

本 / 章 / 小 / 结

本章讲述了古代埃及、古代爱琴海、古代希腊、古代罗马时期的室内设计发展史，从时代背景、主要成就和设计要素三个方面对每个时期进行详细阐释，使读者初步了解在古代时期外国的室内设计的发展。

思考与练习

1. 了解古代埃及室内装饰风格特征。

2. 课后查阅相关资料，简述爱琴海风格与地中海风格的差别。

3. 简述古希腊三种柱式的特征。

4. 简述古罗马五种柱式的特征。

5. 结合所学知识，举一两例世界范围内应用到古希腊或者古罗马设计要素的建筑物。

第四章

中 世 纪

学习难度：★ ★ ★ ☆ ☆

重点概念：拜占庭风格、洛可可与巴洛克风格、古典主义、哥特式风格

章节导读

欧洲大陆从罗马帝国瓦解后进入了一个动荡时期，被称作"黑暗时代"。曾经繁荣的经济、律法、建筑以及四通八达的交通体系都消散殆尽。封建领主间连年争斗、四处掠夺，在这种特殊条件下，坚固石材修建的城堡和带有城墙的城镇保护下的社会生活，发展出了这个时期的建筑和室内装饰。

建筑和室内装饰是人们生活的必要物质条件，也是社会发展的物质基础，它在一定程度上反映了特定历史时期的真实社会状况和人们生活习惯。欧洲中世纪特定的历史条件和社会背景最终造就了为其服务的建筑与室内风格特征。

千百年以来，室内设计的历史与风格固然有它自己内部的发展机制，但同时，它与社会的发展息息相关且基本保持同步。以欧洲为例，古希腊兴盛期为城邦保护神的建筑群及庙宇，古罗马兴盛期为纯消费性的大型公共建筑，中世纪为宗教建筑等，因此，历史上也形成了室内设计特有的艺术流派与风格。

知名建筑赏析 圣马可大教堂（图4-1）

图4-1 圣马可大教堂

第一节
拜 占 庭

一、时代背景

拜占庭原是古希腊的一个城堡，公元395年，显赫一时的罗马帝国分裂为东西两个国家，西罗马的首都仍在当时的罗马，而东罗马则将首都迁至拜占庭，被称为拜占庭帝国。拜占庭的文化是由古罗马遗风、基督教和东方文化三部分组成的。拜占庭艺术融合了古典艺术的自然主义和东方艺术的抽象装饰特质。它也成为希腊和罗马古典艺术与西欧艺术之间的纽带。**所谓拜占庭艺术，就是指东罗马帝国的艺术。大体来说，所有拜占庭的艺术都充满了精神的象征主义，不容有写实主义的存在。**

拜占庭帝国所控制过的最大领土面积为356万平方公里（查士丁尼一世时期），人口数量巅峰时期约为3400万（公元4世纪）。帝国的经济以农业为基础，并拥有发达的商业和手工业。在中世纪早期的几百年中，拜占庭一直是欧洲经济最发达的国家。它的货币索利都斯长期以来是欧洲和西亚的国际流通货币。

小/贴/士

东正教

东正教又称希腊正教，是基督宗教的三大教派之一。最早是从东罗马（当时的拜占庭帝国）的教会发展出来的，受到希腊文化的滋养和熏陶。

"东正教"一词来源于希腊语，本意是"正确的意见""正确的见解"。"东正教"一词是在基督教诞生后出现的，创造该词的目的是使基督徒具有固定不变的标志，但这些教徒必须笃信基督教教义、《圣经》内容、教会的训诫、普世会议和神父们为反对异端而通过的决议和学说。

二、主要成就

拜占庭建筑可以分为三个阶段，即前期（4世纪至6世纪）、中期（7世纪至12世纪）和后期（13世纪至15世纪）。

1. 前期

此时期是拜占庭建筑的兴盛期，建筑作品大多仿照古罗马式样。为了强化宗教气氛，创建更宏伟的宗教建筑形象，他们创造了集中式的建筑形式。将圆形的穹顶覆盖在方形或正多边形的建筑物之上，以帆拱作为中间的连接。帆拱的使用是拜占庭人创造的一个重大的结构技术，它使穹顶和方形或正多边形平面的承接过渡的形式简洁自然，把荷载集中到下面的支柱之上，完全不需要连续的承重墙，从而获得了新的内部和外部的空间和造型。

主要的建筑包括君士坦丁堡的城墙、城门、宫殿、广场、拱门、高架水道、公共浴场和蓄水池以及教堂。基督教成为国教后，拜占庭的教堂建筑越来越大，越来越豪华，至公元 6 世纪，出现了空前壮观的圣索菲亚大教堂。

2. 中期

该时期的建筑反映了这个时期的国家特点，即蛮族外敌相继入侵，国土面积缩小，国力下降。这一时期的拜占庭教堂建筑特点是占地少、向空中发展，取消了圣索菲亚大教堂那样的中央大穹隆，代之以若干小穹隆，并注重内部装饰，如威尼斯的圣马可大教堂。教堂布局为十字式，有五座穹隆，中央与前面的较大，其余的三个较小。

内部空间（图 4-2）以中央穹隆下部为中心，穹顶间以筒形拱连接，相互穿插，成为一体。内部装修十分讲究，彩色大理石贴面和精美的壁画，到处装饰着闪闪发光的金属制品。**一支镶着金银宝石的重十字架垂饰从殿内正中央的穹顶吊挂下来，加强了庄严和神圣的气氛。中厅上空有两个大小相同的穹顶，减弱了集中式空间构图的集中效果，但增加了向前的轴线引导效果。**

这一时期的代表建筑包括君士坦丁堡的 Acatalepthos 修道院、Chora 修道院，以及帝国之外的基辅的圣索菲亚教堂。

3. 后期

十字军数次入侵之后，拜占庭帝国国力大受损失，无力再兴建大型公共建筑和教堂。这一时期建造的拜占庭建筑数量不多，也没有创新，在土耳其人灭亡拜占庭帝国后大多破损无存。君士坦丁堡的圣玛利亚教堂（图 4-3、图 4-4）为晚期拜占庭建筑的代表作品。

十字军东征是在 1096 年到 1291 年发生的九次宗教性军事行动的总称，是由天主教国家对地中海东岸的国家发动的战争。十字军东征大多数是针对伊斯兰国家，主要目的是从伊斯兰教手中夺回耶路撒冷。东征期间，教会授予每一个战士十字架，组成的军队称为十字军。

三、设计要素

在建筑及内部设计上的最大成就是创建了一种新的建筑形制——集中式形制。其特点是把穹顶支承在四个或更多的独立支柱上，并以帆拱作为中介，同时可以使成组的圆顶集合在一起，形成广阔而有变化的新型空间形象。

在内部装饰上也极具特点，墙面往往铺贴彩色大理石，拱券和穹顶面不便贴大理石，就用马赛克或粉画（图 4-5）。马赛克是用半透明的小块彩色玻璃镶成的。为保持大面积色调的统一，在玻璃马赛克

图 4-2 圣马可大教堂内景

图 4-3 圣玛利亚教堂外景

图 4-4 圣玛利亚教堂内景

94

后面先铺一层底色，最初为蓝色，后来多用金箔做底。玻璃块往往有意作不同方向的倾斜，以造成闪烁的效果。粉画一般常用在规模较小的教堂，墙面抹灰处理之后由画师绘制一些宗教题材的彩色灰浆画。柱子（图4-6）与传统的希腊柱式不同，而具有拜占庭独特的特点：柱头呈倒方锥形，并刻有植物或动物图案，一般常见的是忍冬草。

在家具方面，这个时代的椅子或桌子都是以希腊、罗马的形式为基本样式，其中有许多已由曲线形式转变成直线形式。家具的材质多为木材、金属、象牙，并常以金、银、宝石装饰，也有以玻璃马赛克镶嵌或雕刻作表面装饰。留下来的有著名的马克西米安的主教座椅，造型华贵庄重，工艺细腻精致，成为这一时期家具中的典

范作品。宝座是拜占庭流行的一种坐具，是上层社会礼仪用椅，宝座上方有罩篷。

拜占庭的象牙雕刻技术堪称一绝。象牙雕刻的板面常用在箱子、首饰盒、圣物箱、门等重要的装饰部位。现收藏在意大利拉文纳大主教博物馆的马克西米宝座（图4-7）被认为是拜占庭样式的代表作品。

拜占庭沿袭了古代时期的折叠凳形式，凳子、长凳采用车木腿，配合各种椅子、宝座使用的脚凳非常多见，而且具有多种尺寸和形态。箱子形式多样，有从收藏珠宝类的小盒子到可以兼坐具、床、桌子的大型收藏箱。有些制作简陋，而有些则用框架结构，并用优良的木材、金、银、象牙来装饰表面。

图4-5　马赛克壁画

图4-6　拜占庭式柱子

图4-7　马克西米宝座

教堂建筑的特殊含义

小／贴／士

内部装饰有基督作为"人"的故事，一般以生命历程为顺序，以受难和复活作为结尾。

圣母玛利亚经常被描绘在教堂的圣坛上方，也就进入教堂的人一眼能够看到的地方。

耶稣基督的像被描绘在中央穹顶的最顶端，穹顶上，基督下方是天使的像。

内部装饰，从上到下，从中央到四周有着明显的顺序，基督——天使——圣母玛利亚——门徒——圣人。

第二节
文艺复兴

一、时代背景

文艺复兴建筑，是欧洲建筑史上继哥特式建筑之后出现的一种建筑风格。十五世纪产生于意大利，后传播到欧洲其他地区，形成带有各自特点的各国文艺复兴建筑。

当时欧洲人的贸易事业已经扩展到了亚洲和美洲，中世纪后期的繁荣迅速造就了环地中海的一些富裕贸易城市。在这些贸易城市中，商业资本的庞大力量使得罗马帝国在世俗力量和宗教力量的对比上首次向世俗方向倾斜，以至于为商业贵族营造的别墅等世俗建筑大量出现，而新兴贵族因为本身的立场而对于人文艺术的投资也是从前的宗教和封建势力所不能比拟的。

这种相对富裕和活跃的气氛最终导致了文艺复兴时代文化的大发展，而反映在建筑上的就是社会中真正出现了建筑师这个行业。文艺复兴真正奠定了建筑师这个名词的意义，将这种新的行业加入了整个社会的经济呼吸之中。

二、主要成就

大致可分为以佛罗伦萨的建筑为代表的文艺复兴早期（15世纪），以罗马的建筑为代表的文艺复兴盛期（15世纪末至16世纪上半叶）和文艺复兴晚期（16世纪中叶至末叶）。

小/贴/士

为何文艺复兴会选用古希腊、古罗马的式样？

希腊古建筑中有很多地方都体现了古代人文主义思想，比如说悲伤的雅典娜具有人类的情感表达、帕特农神庙的比例以及柱式的设计给人以一种亲切关怀感等，而中世纪时期宗教艺术则偏向于灰暗恐怖，还有中世纪的哥特式教堂，高耸入云，内部穹顶极高，给人以极度的威慑感。

希腊是民主政治的先驱，是人文主义哲学的先驱，希腊的城邦政治对近代欧洲民主政治影响仍然很大。

欧洲文艺复兴首先在意大利发生，因为意大利存有大量的古代希腊与罗马的遗迹，有文化基础。再者，就是当时佛罗伦萨商品经济高度发展，经济十分发达。

1.意大利文艺复兴早期建筑

著名实例：佛罗伦萨大教堂中央穹隆顶（图4-8），其设计师是菲利波·布鲁内列斯基，大穹隆顶首次采用古典建筑形式，打破中世纪天主教教堂的构图手法；佛罗伦萨的育婴院也是菲利波·布鲁内列斯基设计的；佛罗伦萨的美第奇府邸（图4-9），其设计师是米开罗佐；佛罗伦萨的鲁奇兰府，其设计师是阿尔伯蒂。文艺复兴早期建筑的特点有以下几点：尺度平和、比例和谐、构图清晰、装饰简洁朴实、同环境和谐、引进拜占庭建筑技术和式样。

2.意大利文艺复兴盛期建筑

盛期与早期文艺复兴区别在于盛期艺术家有教皇庇护，早期艺术家则和市民保持直接联系。著名实例：罗马的坦比哀多神堂，其设计师是布拉曼特；罗马圣彼得大教堂（图4-10、图4-11）；罗马法尔尼斯府邸。

3.意大利文艺复兴晚期建筑

文艺复兴晚期出现的两种倾向：泥古不化、教条主义地崇拜古代，柱式严谨但冷酷无情；追求新颖。

两种形式主义的倾向似乎相反，但同出一源：进步思想被扼杀了，建筑艺术失去了积极的意义，形式仿佛成了独立的东西，而创造新风格的客观条件确实还没有。

典型实例有维琴察的巴西利卡和圆厅别墅（图4-12、图4-13）。

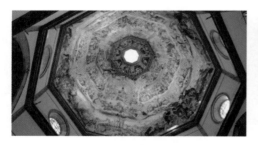  

图4-8 佛罗伦萨大教堂中央穹隆顶　　图4-9 佛罗伦萨的美第奇府邸内景　　图4-10 罗马圣彼得大教堂外景

图4-11 罗马圣彼得大教堂内景　　图4-12 圆厅别墅外景　　图4-13 圆厅别墅内景

文艺复兴时期的建筑代表人物菲利波·布鲁内列斯基

　　菲利波·布鲁内列斯基是佛罗伦萨建筑师。早年学雕刻，后转向建筑。设计的佛罗伦萨育婴堂是文艺复兴式建筑的早期作品，表现出古典主义风格，根据布鲁内列斯基的熟人兼传记作者安东尼奥·马内蒂的说法：他"得以享有埋葬在圣母百花大教堂的殊荣，在世时已经雕好一个大理石胸像，以这样一个辉煌的墓志铭作为永恒的纪念"。

　　对于菲利波·布鲁内列斯基的生平所知甚少，仅有的资料来源于安东尼奥·马内蒂与乔尔乔·瓦萨里的描述。据这些资料显示，菲利波的父亲是一名律师。菲利波在三个孩子中排行居中。菲利波幼时受过文学和数学教育，家人期望他成为一名公务员。然而他更喜欢艺术，从而加入了丝绸制造商行会，会员包括金匠、金属工匠以及青铜匠。他于1398年成为一名金匠。因而他的第一份重要委任——建设育婴堂——来自于他所属的行会。

小／贴／士

三、设计要素

　　文艺复兴时期的室内陈设风格吸收了古罗马时期的奢华，加上东方和哥特式的装饰特点，并运用新的手法加以表现。

　　意大利文艺复兴时期的家具装饰以威尼斯的作品最为成功。家具不露结构，用灰泥模塑浮雕装饰，手法细密，常在模糊图案的表面加以贴金和彩绘处理。意大利文艺复兴初期的家具线形优美，比例适度。雕刻虽不多，但雕技精良，所雕纹样是浅平的，形象精美、构图匀称。文艺复兴盛期的家具造型比例更加完美，式样喜欢采用古代建筑式样，如柱廊、门廊、山花、旋涡花饰。往往采用各种颜色的木片镶嵌成各种图案，甚至组成栩栩如生的神话故事。还有在家具表面常做有很硬的石膏花饰并贴上金箔，有的还在金底上彩绘。

　　哥特式高靠背椅在这时被继续沿用，但雕刻装饰花纹换为文艺复兴风格，有的椅子则取消了座位下的箱子，改成开放形式。随着家具的小型化，日常用椅也变得越来越轻巧，意大利的但丁椅（图4-14）和萨伏那罗拉椅（图4-15）同样广为流传。

　　16世纪初法国流行意大利风格的高架桌（图4-16），到16世纪后期流行起能伸缩的餐桌。桌子的设计方面除保留明显的意大利风格外，还采用了大量的高浮雕人像、动物及卷草图案作装饰，车木腿的大量使用与中世纪粗笨的方木腿形成了鲜明的对比，车木构件的大量使用是对古代家具的继承和发展。长桌的样式虽然源于古罗马风格，但更加注重结构的合理和比例的优美。

图 4-14　意大利的但丁椅　　图 4-15　萨伏那罗拉椅

图 4-16　高架桌

顶盖床的形式沿袭中世纪的式样，四根床柱支撑着顶盖。床身有复杂的雕花，床头屏、足屏上常雕刻神话人物、动物，床退和立柱则多仿照罗马柱，或雕成人物或动物造型。顶棚装饰华丽的幔帐，能覆盖整个床身。

英国文艺复兴时期的室内装饰十分华丽，喜欢在墙上绘制壁画或悬挂一些肖像画，还常陈列剑戟、盔甲及兽头鹿角等。

这时的家具，带有哥特式家具的特点，初期简洁，后多雕饰。

第三节
哥 特 式

一、时代背景

哥特，是文艺复兴时期被用来区分中世纪时期的艺术风格。这个词原指公元3—5世纪侵略意大利并瓦解罗马帝国的德国哥特族人。"哥特"，意为"野蛮"。尽管"哥特"这个词多少有些负面的意思，但事实上，为数众多的哥特风格作品的艺术价值是非常高的。

哥特式建筑，又译作歌德式建筑，是1140年左右产生于法国的欧洲建筑风格，位于罗马式建筑和文艺复兴建筑之间。它由罗马式建筑发展而来，为文艺复兴建筑所继承。哥特式建筑主要用于教堂，在中世纪高峰和晚期盛行于欧洲，发源于12世纪的法国，持续至16世纪。

小/贴/士

哥特的三重含义

第一，在建筑上的哥特式建筑如大教堂，其最大的特色就是高大的梁柱和尖拱形的天花板与结构；

第二，在文学上哥特是用以形容那些以黑暗寂寞地点（如荒废城堡）为背景的奇异、神秘之冒险故事；

第三，哥特也代表一种字体相当华丽的印刷风格或书写风格。

二、主要成就

早期的第一座哥特式教堂是1143年在法国巴黎建成的圣丹尼教堂（图4-17），其四尖券巧妙地解决了各拱间的肋架拱顶结构问题，有大面积的花窗玻璃（图4-18），为以后许多教堂所效法。

英国的哥特式建筑出现的比法国稍晚，流行于12—16世纪。英国教堂不像法国教堂那样矗立于拥挤的城市中心，力求高大，控制城市，而是位于开阔的乡村环境中。作为复杂的修道院建筑群的一部分，比较低矮，与修道院一起沿水平方向伸展。

德国哥特建筑时期的世俗建筑多用砖石建造。双坡屋顶很陡，内有阁楼，甚至是多层阁楼，屋面和山墙上开着一层层窗户，墙上常挑出轻巧的木窗、阳台或壁龛，外观很有特色。

意大利的哥特式建筑于12世纪由国外传入，主要影响北部地区。意大利没有真正接受哥特式建筑的结构体系和造型原则，只是把它作为一种装饰风格，因此这里极难找到"纯粹"的哥特式教堂。

意大利教堂并不强调高度和垂直感，正面也没有高钟塔，而是采用屏幕式的山墙构图。屋顶较平缓，窗户不大，往往尖券和半圆券并用，飞扶壁极为少见，雕刻和装饰则有明显的罗马古典风格。

三、设计要素

哥特式风格主要是表现得古典庄严，优美神圣，自然而且形象等。它直升的线条，奇突的空间推移，透过彩色玻璃窗的色彩斑斓的光线和各式各样轻巧玲珑的雕刻的装饰，造成一个"非人间"的境界，给人以神秘感。有人说罗马建筑是地上的宫殿，哥特建筑则是天堂里的神宫。

哥特式建筑风格室内装修特点为内部装修重在装饰效果，其突出效果便是豪华大气，木质门框，经典壁画，白色的室内装修，淡雅的皮质沙发，柔软的羊毛地毯，客厅与餐厅完美融合，既节省了空间，也极具时尚气息。哥特式室内设计风格是对罗马风格的继承，直升的线形、体量急速升腾的动势，奇突的空间推移是其基本风格。

哥特式家具主要有靠背椅（图4-19）、座椅、大型床柜、小桌（图4-20）、箱柜等，每件家具都庄重、雄伟，

图4-17 圣丹尼教堂外景

图4-18 圣丹尼教堂花窗玻璃

象征着权势及威严，布满层次丰富和精巧细致的雕刻装饰，常用于家具装饰。

哥特式装修最大的特点就是喜用彩色玻璃窗镶嵌（图4-21），色彩以蓝、深红、紫色为主，达到12色综合应用，斑斓富丽、精巧迷幻。哥特式室内设计风格的彩色玻璃窗饰是非常著名的，有着梦幻般的装饰意境。

图4-19　哥特式风格靠背椅

图4-20　哥特式风格桌子

图4-21　彩色玻璃窗饰

哥特式建筑风格与哥特艺术的区别

小/贴/士

哥特式建筑的整体风格为高耸，以卓越的建筑技艺表现了神秘、哀婉、崇高的强烈情感。

哥特式艺术，应该指的是哥特式文化。在17世纪晚期的英国，对于中世纪的怀念让民众开始着迷于中世纪哥特遗迹。另外还结合了对中世纪传奇小说、罗马天主教信仰和超自然的兴趣。英国的哥特复兴的爱好者以霍勒斯·渥波尔为首。

霍勒斯·渥波尔在1764年发表《奥托兰多城堡》，建立了18世纪末期的哥特文学。之后，"哥特"这名词常与恐怖、病态、黑暗、超自然与滑稽、自嘲联系在一起。

可见，哥特文化与哥特建筑的意象，具有一定联系。

第四节
巴洛克与洛可可

一、时代背景

1.巴洛克

巴洛克艺术起源于罗马，后来扩展到整个亚平宁，至18世纪中叶后扩展到整个欧罗巴及其所有海外殖民地。巴洛克建筑是17—18世纪在意大利文艺复兴建筑基础上发展起来的一种建筑和装饰风格，是天主教会炫耀财富的产物。其特点是外形自由，追求动态，喜好富丽的装饰和雕刻、强烈的色彩，常用穿插的曲面和椭圆形空间。它的风格自由奔放，造型繁复，富于变化，只是有的建筑装饰堆砌过分。

室内则使用各色大理石、宝石、青铜、金等装饰得华丽而壮观，突破了文艺复兴古典主义的一些程式。西班牙圣地亚哥大教堂（图4-22、图4-23）为这一时期建筑的典型实例。

2. 洛可可

洛可可风格是一种建筑风格，主要表现在室内装饰上。18世纪20年代产生于法国，是在巴洛克建筑的基础上发展起来的。洛可可风格的基本特点是纤弱娇媚、华丽精巧、甜腻温柔、纷繁琐细。它以欧洲封建贵族文化的衰败为背景，表现了没落贵族阶层颓丧、浮华的审美理想和思想情绪。他们受不了古典主义的严肃理性和巴洛克的喧嚣放肆，追求华美和闲适。

图4-22 圣地亚哥大教堂外景

二、主要成就

1. 巴洛克

意大利文艺复兴晚期著名建筑师和建筑理论家维尼奥拉设计的罗马耶稣会教堂（图4-24、图4-25）是由手法主义向巴洛克风格过渡的代表作，也有人称之为第一座巴洛克建筑。

罗马的圣卡罗教堂是波洛米尼设计的。殿堂平面与天花装饰强调曲线动态，立面山花断开，檐部水平弯曲，墙面凹凸度很大，装饰丰富，有强烈的光影效果。尽管设计手法纯熟，也难免有矫揉造作之感。

17世纪罗马建筑师丰塔纳建造的罗马波罗广场，是三条放射形干道的汇合点，中央有一座方尖碑，周围设有雕像，布置绿化带。在放射形干道之间建有两座对称的样式相同的教堂。

德国巴洛克风格教堂建筑外观简洁雅致、造型柔和、装饰不多，同自然环境相协调。教堂内部装饰则十分华丽，造成内外的强烈对比。著名实例是班贝格郊区的十四圣徒朝圣教堂、罗赫尔的修道院教堂。

图4-23 圣地亚哥大教堂内部装饰　　　图4-24 罗马耶稣会教堂外景　　图4-25 罗马耶稣会教堂内景

奥地利许多著名建筑都是德国建筑师设计的。如维也纳的舒伯鲁恩宫，外表是严肃的古典主义建筑形式，内部大厅则具有意大利巴洛克风格，大厅所有的柱子都雕刻成人像，柱顶和拱顶布满浮雕装饰，是巴洛克风格和古典主义风格相结合的产物。

2.洛可可

洛可可风格装饰的代表作是尚蒂伊城堡的亲王沙龙、巴黎苏比斯饭店的沙龙、德国波茨坦无愁宫、巴黎苏俾士府邸公主沙龙和凡尔赛宫的王后居室（图4-26、图4-27）。洛可可风格主要是指室内装潢的形式，要从建筑内部装饰来辨别它。

图4-26　凡尔赛宫的王后居室1

图4-27　凡尔赛宫的王后居室2

为什么男人喜欢巴洛克，女人喜欢洛可可？

小/贴/士

一般情况下，设计风格很少会有性别区分，但是对于巴洛克和洛可可风格而言，它们两者之间看似有很多共同点，实则却是大不相同，男人更加喜欢气势磅礴的巴洛克，女人却偏爱细腻柔媚的洛可可。

巴洛克被称为是男人的罗曼蒂克，它能满足一个男人一生所有的追求和幻想。它渐转的外形极具自由，追求动感，内部空间又有一种大气磅礴的王者风范，它常常用穿插的曲面和椭圆形空间来表现自由的思想和营造神秘的气氛，让人琢磨不透，却又爱不释手。

如果说巴洛克是男人的主宰，那洛可可便是女人的天堂，它充分展示出了法国风情的细腻柔媚，又体现出英伦的大气高贵。在空间中，它充分体现出女人完美的曲线，富有变化，性感妩媚，是贵族女性的不二之选。细腻柔媚是洛可可的主要特征，它就像是一个千娇百媚的女子，举手投足间都体现出女性特有的柔媚，让人在不觉间便会心生爱意。

三、设计要素

1. 巴洛克

巴洛克的室内设计强调雕塑性和凹凸的起伏感。**色彩斑斓的形式，在视觉上融入到彩绘的背景之中，创造动感的人像、密集的幻觉空间，带有错觉透视的建筑画、拱顶镶板画，产生如穹顶般的错觉，就像天堂，复杂的平面布局带来动感和神秘感，设计从简洁明晰迅速变得复杂繁琐，一般来说巴洛克风格多体现在宗教建筑上，是欧洲艺术的集大成之场所。**

一般巴洛克风格的室内平面不会平竖直，各种墙体结构都喜欢带一些曲线，尽管房间还是方的，里面的装饰线却不是直线，而是华丽的大曲线。壁画雕塑与室内空间融为一体。巴洛克整体装饰上使用曲线，常用金、白、粉红、粉绿等颜色，具有很高的工艺水平。这种风格强调以华丽的装饰、浓烈的色彩、精美的造型达到雍容华贵的装饰效果。

巴洛克家具（图4-28）的最大特色是将富于表现力的装饰细部相对集中，简化不必要的部分而强调整体结构，巴洛克的法式宫廷家具强调雕刻的艺术。能工巧匠的雕饰让这种家具充满了韵味。

巴洛克风格家具强调力度、变化和动感，沙发华丽的布面与精致的雕刻互相配合，把高贵的造型与地面铺饰（图4-29）融为一体。

强调建筑绘画与雕塑以及室内环境等的综合性，突出夸张、浪漫、激情和非理性、幻觉、幻想的特点。打破均衡，平面多变，强调层次和深度。

2. 洛可可

洛可可装饰的特点：细腻柔媚，常常采用不对称手法，喜欢用弧线和S形线，尤其爱用贝壳、旋涡、山石作为装饰题材，卷草舒花，缠绵盘曲，连成一体。天花和墙面有时以弧面相连，转角处布置壁画。为了模仿自然形态，室内建筑部件也往往做成不对称形状，变化万千，但有时流于矫揉造作。室内墙面粉刷，爱用嫩绿、粉红、玫瑰红等鲜艳的浅色调，线脚大多用金色。室内护壁板有时用木板，有时做成精致的框格，框内四周有一圈花边，中间常衬以浅色东方织锦。

洛可可风格家具（图4-30、图4-31）的一个显著特点就是极其柔软、舒适，它吸引眼球的椅背通常雕刻有树叶、葡萄串和鸟类等。洛可可家具的代表之作有安乐椅。

图4-28 巴洛克桌子　　　　图4-29 巴洛克风格沙发　　　　图4-30 洛可可风格椅子1 图4-31 洛可可风格椅子2

104

小／贴／士

巴洛克与洛可可的区别

巴洛克（图4-32），它用不规则曲线、不对称等元素来叛逆以往的对称风格，一圆心、二圆心的文艺复兴及以往的风格。

洛可可（图4-33），它其实是室内装修的一种风格。追求细节的铺天盖地，追求华丽，曲曲绕绕，一改以往的经典内装。这个时代追求奢华、享受与轻浮，与中国的清代相似，斗拱原本是用来支撑的受力结构，在清代演变成很多经典元素和表面花式。而它们的历史结局也相似，无法从大造型上再有突破，只能在表面展现最终的昙花一现。

概括地讲：巴洛克风格主要是建筑外立面风格，而洛可可风格是室内装修风格。巴洛克是一次建筑艺术的革新，而洛可可仅是原有形式下的花式。巴洛克豪华庄重，宗教色彩浓郁，比较阳刚，常用于教堂。洛可可纤弱娇媚，甜腻繁琐，脂粉气比较浓郁，常用于宫廷。

图 4-32　巴洛克风格　　　　　　图 4-33　洛可可风格

第五节
法国的古典主义与新古典主义

一、时代背景

1. 古典主义

与意大利巴洛克建筑大致同时而略晚，17世纪，法国的古典主义建筑成了欧洲建筑发展的又一个主流。古典主义建筑是法国绝对君权时期的宫廷建筑潮流。早在12世纪，法国的城市经济就迅速发展，市民为反对大封建主的统治而斗争，这时候产生了伟大的哥特式建筑。但是，1337—1453年，在法国领土上进行了100多年的英法战争，破坏惨重。直到15世纪下半叶，城市才重新发展，并产生了新兴的资产阶级。

2. 新古典主义

新古典主义作为一个独立的流派名称，最早出现于17世纪中叶欧洲的建筑装饰设计界，以及与之密切相关的家具设计界。

从法国开始，革新派的设计师们开始对传统的作品进行改良简化，运用了许多新的材料和工艺，但也保留了古典主义作品典雅端庄的高贵气质。这一风格很快取得了成功，欧洲各地纷纷效仿，新古典主义自此成为欧洲家居文化流派中特色鲜明的一个重要的流派，至今长盛不衰。

新古典主义兴起于 18 世纪的罗马，并迅速在欧美地区扩展。新古典主义，一方面起源于对巴洛克和洛可可艺术的反动，另一方面则是希望重振古希腊、古罗马的艺术。新古典主义的艺术家刻意从风格与题材方面模仿古代艺术，并且知晓所模仿的内容为何。

小/贴/士

英国古典式建筑——东风饭店

东风饭店位于上海中山东一路2号，建于1912年，设计者塔蓝特、毛利斯，室内设计师为日本异端建筑师下田菊太郎。为巴洛克式新古典主义作品，内设双柱廊，高吊灯大厅，为上海交际家们的活动舞台。墙面装饰带有巴洛克式。内部装修精致，木雕细腻，顶上石膏镂花多用花环或花草图案，这种典雅的巴洛克式塔顶成为该建筑物的特殊标记。

大楼的室内装潢由供职于马海洋行的日本建筑师设计，基本上按多朗特原意，有几处装修仿英国王宫，如弹子房有英国女王伊丽莎白一世时期王宫中装饰的格调。酒吧以橡木护壁，有英王詹姆士一世时期的特色，故有"皇家总会"之称。

二、主要成就

1.古典主义

法国古典主义建筑保持了浓厚的文化底蕴色彩，古典主义建筑造型严谨，普遍应用古典柱式，内部装饰丰富多彩。建筑整体结构明快，装饰很华丽，采用大窗户，广用尖券或四圆心券。建筑的四角外挑凸窗，上立尖顶。屋顶很是陡峭，内设阁楼。脊檐精巧。建筑水平划分比较明显，构图整齐反映出了宫廷建筑的大气和趣味，在形状上富有变化，层次分明。突出轴线，强调对称，注重比例，讲究主从关系。散发着中世纪的传统。这些建筑风格对后期的西方建筑产生了很大的影响。后期逐渐向欧洲地区传播，在宫廷建筑、纪念性建筑和大型公共建筑中采用更多。卢浮宫东立面，凡尔赛宫（图4-34、图4-35），巴黎残废军人新教堂为代表建筑。

图 4-34 凡尔赛宫外景

图 4-35　凡尔赛宫内景　　　　图 4-36　艾斯特剧院外景　　　　图 4-37　艾斯特剧院内景

2. 新古典主义

欧洲文化丰富的艺术底蕴，开放、创新的设计思想及其尊贵的姿容，一直以来颇受众人喜爱与追求。新古典风格从简单到繁杂、从整体到局部，精雕细琢，镶花刻金都给人一丝不苟的印象。一方面保留了材质、色彩的大致风格，仍然可以很强烈地感受传统的历史痕迹与浑厚的文化底蕴，同时又摒弃了过于复杂的肌理和装饰，简化了线条。代表建筑有艾斯特剧院（图4-36、图4-37）、勃兰登堡门、圣彼得堡海军部大楼。

小贴士

古典主义和新古典主义的区别

在材料上，古典主义建筑大多是石材，新古典主义建筑会采用石砌和混凝土。在细节上，新古典主义建筑摒弃了严格的古典主义建筑中过于复杂的肌理与装饰，比如柱身凹槽。在类型上，古典主义建筑主要包括大型公共建筑，新古典主义建筑还更多的包括商业及新的建筑类型。

此外，新古典主义建筑延续了古典主义建筑的风格、比例和美学思想。

三、设计要素

古典主义室内装饰丰富多彩，而新古典主义的设计风格其实是经过改良的古典主义风格。此处主要介绍新古典主义的设计风格。

新古典风格注重装饰效果，用室内陈设品来增强历史文脉特色，往往会照搬古典设施、家具及陈设品来烘托室内环境气氛。白色、金色、黄色、暗红色是欧式风格中常见的主色调，少量白色糅合，使色彩看起来明亮。墙纸是新古典主义装饰风格中重要的装饰材料，金银漆、亮粉、金属质感材质的全新引入，为墙纸对空间的装饰提供了更广的发挥空间。新古典装修风格的壁纸具有经典却更简约的图案、复古却又时尚的色彩，包含了古典风格的文化底蕴，也体现了现代流行的时尚元素，是复古与潮流的完美融合。

这时期最喜欢用的木材是胡桃木，其次是桃花心木、椴木和乌木等。以雕刻、镀金、嵌木、镶嵌陶瓷及金属等装饰方法为主。装饰题材有玫瑰、水果、叶形、火

图 4-38 椅子的柱头装饰

图 4-39 法国新古典主义风格展示柜

图 4-40 新古典主义风格椅子

炬、竖琴、壶、希腊的柱头、狮身人面像、罗马神鹫、戴头盔的战士（图 4-38）、月桂树、花束、丝带、蜜蜂及与战争有关的题材等。

新古典主义以尊重自然、追求真实、复兴古代的艺术形式为宗旨，凡是古希腊、古罗马文明鼎盛期的作品，或庄重肃穆，或典雅美丽，但不照抄古典主义并摒弃抽象、绝对的审美概念和贫乏的艺术形象。新古典主义风格还将家具、石雕等带进了室内陈设和装饰之中，拉毛粉饰、大理石的运用，使室内装饰更讲究材质的变化和空间的整体性。家具（图 4-39）的线形变直，不再是圆曲的洛可可样式，装饰以青铜饰面为准，如扇形、叶板、玫瑰花饰、人面狮身像等（图 4-40）。

名于世，它是拜占庭式建筑的代表作，它的突出成就在于创造了以帆拱上的穹顶为中心的复杂拱券结构平衡体系，是一幢"改变了建筑史"的拜占庭式建筑典范。大教堂以一位名为索菲亚的圣人而命名，因此称为"圣索菲亚"。这个词在希腊语里的意思是上帝智慧。

图 4-41 圣索菲亚大教堂全景

第六节
案例分析

下面分析拜占庭式建筑的代表作——伊斯坦布尔的圣索菲亚大教堂。

1. 建筑概况

圣索菲亚大教堂（图 4-41），坐落在蓝色清真寺对面。因其巨大的圆顶而闻

2. 设计元素

在教堂的东端和西端（图 4-42），拱形缺口由半圆顶伸展，形成了半圆座谈间。这种圆顶层次创造了在主圆顶下的广阔椭圆空间，这在近古时代是前所未有的。即使如此，圆顶的重量依然造成问题，因此在奥斯曼帝国时代，建筑师米马尔·希南在建筑的外部修建了扶壁用以加固。在外面（图 4-43）用简单的灰泥墙突显了

图 4-42　教堂的东端和西端

图 4-43　简单的灰泥墙

拱顶及圆顶，而外墙的红黄之色是十九世纪复修时由建筑师福萨蒂加上的。

　　进入大门之后首先看到的是宽为 5.75 米的外厅（图 4-44），外厅的装饰颇为简单。一块挂在墙上的马赛克盘（图 4-45）格外引人注意。

　　在外厅的东面即为内厅（图 4-46），它们之间有五扇包裹着青铜的橡木大门。两者的屋顶都以九道券拱相支撑，以大理石铺设地面。内厅的宽度为 9.55 米，同时也比外厅高出不少。通过内厅北侧的坡道，游客还可通往位于二层的回廊。内厅南侧的一道边门（图 4-47）现在被用作博物馆的一个出口，当初却是宗教仪式时专供帝王使用的。从内厅之中可以通过九扇门前往大厅，中央的三扇大门是帝王专用的帝国大门，大门之上的拜占庭马赛克

描绘了基督和利奥六世。

　　圣索菲亚教堂大厅（图 4-48）的方形空间有 74.67 米长，69.80 米宽，大厅两侧则是用廊柱加以分隔的侧厅，廊柱和廊柱之间以券拱相连，侧厅又被一层小廊柱再度划分。这些廊柱增添了大厅的层次感，又在空间上强调了侧厅和大厅之间的联系。大厅顶部有伊斯兰统治时期所遗留下来的多块直径为 7.5 米的金字圆牌（图 4-49），这些圆牌上分别刻写着真主、穆罕默德、四大哈里发以及穆罕默德两个孙子的名字。

　　大厅两侧是以廊柱相隔的侧厅（图 4-50），它们的宽度大约为 18.5 米。后堂又被三座半圆小穹顶进一步分隔为三间凹室。在左手边后堂东北角的位置可以看到苏丹楼座（图 4-51），历史上圣索菲

图 4-44　外厅

图 4-45　马赛克盘

图 4-46　内厅

图 4-47　边门

图 4-48　圣索菲亚教堂大厅

图 4-49　金字圆牌

图 4-50　侧厅

图 4-51　苏丹楼座

亚大教堂内曾先后建造过多个苏丹楼座，现在的这座建于 1847 年。它是专为苏丹举行一些不需向社会公开的宗教活动而设计的，同时它还可以保护苏丹免受行刺。其立柱是典型的拜占庭风格，而护栏上的雕花却是土耳其式的洛可可风格，如精美的彩窗（图 4-52），廊柱顶部结构与装饰（图 4-53），教堂圆顶四周的炽天使像（图 4-54）。

图 4-52　精美的彩窗

图 4-53 廊柱顶部结构与装饰

图 4-54 炽天使像

本 / 章 / 小 / 结

　　本章介绍了中世纪外国室内设计的不同风格，有拜占庭风格、洛可可与巴洛克风格、哥特式风格。同时介绍了文艺复兴建筑和古典主义建筑，中世纪形成了室内设计独有的艺术流派与风格。

思考与练习

1. 简述拜占庭风格的特点。

2. 简述文艺复兴时期的室内装饰风格，以意大利和英国为例。

3. 哥特有哪几方面的含义？

4. 古典主义与新古典主义的区别有哪些？

5. 列举世界某一知名建筑，赏析其室内装饰风格。

第五章
复 古 思 潮

学习难度：★★★☆☆

重点概念：希腊复兴式、哥特复兴式、折中主义

章节导读

室内设计既包含了设计者的思想和修养，也能够优化室内整体效果，令使用者和参观者赏心悦目。随着现代主义思潮的推动发展，绘画、建筑、音乐、书法等均开始涌现一股前所未有的复古潮流。

在室内设计方面，复古风格的设计渐渐成为一种设计时尚的标志。了解室内设计中复古风的作用，有助于人们更深层次地揭示古文化的普遍规律，继而运用各种手段结合室内设计工作，将古文化通过一种大众化的方式进行传播。

复古风是人类长期社会生活中精神文明不断发展所产生的"返祖"现象，是现代人们追求自然、历史、文明、科学的综合表现形式之一。早期的复古风应当是在绘画、雕塑、建筑、服饰等领域兴起的，而随着时代的发展，欣赏水平的不断提升，加之社会中大量其他领域复古风的辐射，室内设计也受到了影响，即室内设计者通过一些古代元素的加入使室内设计从现代化向复古式发展。

知名建筑赏析　巴黎 圣心大教堂（图5-1）

图5-1　巴黎 圣心大教堂

第一节
古典复兴

一、时代背景

古典复兴是资本主义初期最先出现在文化上的一种思潮，在建筑史上是指18世纪60年代到19世纪末在欧美盛行的古典建筑形式，这种思潮受到当时启蒙运动的影响。

启蒙运动起源于18世纪的法国，主要观念是批判宗教迷信和封建制度，为资产阶级革命打下了舆论基础。18世纪著名的法国资产阶级启蒙思想家代表主要有伏尔泰、孟德斯鸠、卢梭和狄德罗等。虽然他们的学说反映了资产阶级各阶层的不同观点，但都具有一个共同的核心，那便是资产阶级的人性论。

二、主要成就

古典复兴建筑在各国的发展，虽然有共同之处，但多少也有些不同。大体上在法国是以罗马式样为主，而在英国、德国则希腊式样较多。采用古典形式的建筑主要是为资产阶级服务的，如国会、法院、银行、交易所、博物馆、剧院等公共建筑。此外，法国在拿破仑时代还有一些完全是纪念性的建筑，至于一般市民住宅、教堂、学校等建筑类型则影响较小。

法国在18世纪末到19世纪初是欧洲资产阶级革命的据点，也是古典复兴运动的中心。法国大革命前后已经出现了像巴黎万神庙这样的古典建筑。此后，罗马复兴的建筑思潮便在法国盛极一时。

德国的古典复兴亦以希腊复兴为主，著名的柏林勃兰登堡门（图5-2）即是从雅典卫城山门汲取来的灵感。另外，著名建筑师辛克尔设计的柏林宫廷剧院（图5-3）以及柏林旧博物馆也是希腊复兴建筑的代表。

英国的罗马复兴并不活跃，表现得也不像法国那样彻底，代表作品为英格兰银行（图5-4）。希腊复兴的建筑在英国占有重要的地位，这是由于当时英国人民对希腊独立的同情，于1816年国家展出了从希腊雅典搜集的大批衣物之后，英国形成了希腊复兴的高潮。这类建筑有几个典型例子，如爱丁堡中学、不列颠博物馆（图5-5）等。

图5-2　柏林勃兰登堡门

图5-3　柏林宫廷剧院

图 5-4 英格兰银行

图 5-5 不列颠博物馆

不列颠博物馆——凝结希腊风格

小/贴/士

不列颠博物馆，位于英国伦敦新牛津大街北面的大罗素广场，成立于1753年。是世界上历史最悠久、规模最宏伟的综合性博物馆，也是世界上规模最大、最著名的博物馆之一。

随着大英博物馆藏品的迅速增加，蒙塔古宫有限的空间已不能满足日益增长的需要。1824年托管理事会决定在原蒙塔古宫北面建一座新馆。新馆是一个巨大的方形庭院式建筑，中间是一个开放式的露天庭院，于19世纪40年代早期建成。

由于入口处前部继续扩展，因此旧的蒙塔古宫不得不拆掉重建。重建后的蒙塔古宫具有典型的古希腊建筑风格，其正面建有柱廊，上面装饰有反映文明进程的群雕。

三、设计要素

希腊复兴中的装饰风格继承于古希腊，但又有新的发展，此处以柏林老博物馆为例。

柏林老博物馆是希腊复兴中具有代表性的室内设计作品，由辛尔克设计。里面是一个简单的门廊，18根爱奥尼柱（图5-6）延伸了整个建筑物的宽度，支撑着柱顶的檐部。门廊后是老博物馆，从门外楼梯大厅凉廊可到达中心穹顶下的大圆厅，穹顶恰好适应阁楼层，因此在外面是看不见的。楼梯引向中央大厅中上层的展

览馆，展览品放置在矩形的展室中，里面有两个采光井。室内（图5-7）的细部、绘画和雕塑都用高超的技艺表现了新古典主义建筑主题。

图 5-6 爱奥尼柱

辛尔克在这座雄伟的建筑中采用了希腊室内设计的元素：爱奥尼克柱式的门廊、棋格式的天花、大理石拼花地面，以及二层夹层的金属护栏，都说明了辛克尔是如何忠实希腊装饰语汇。这些装饰语汇大多是出自古希腊帕提农神庙的大厅。

图 5-7　柏林老博物馆内部

116

小/贴/士

文艺复兴、古典主义和新古典主义的区别

首先，古典主义是个跨时间、跨地域的思潮，是个抽象的概念。

追求古典（希腊罗马）的倾向都是古典主义。另外两个则是指具体的历史潮流。（一般意义上使用的）文艺复兴指从意大利开始的世俗化倾向，此时人们从教权中走出来，开始重视"人"的价值。许多人转向希腊、罗马以追求真正的"人性"。新古典主义运动，是讲 18 世纪末欧洲各国纷纷开始建仿古建筑的事情，与文艺复兴不同的是，这一次的复古潮流更重视"理性"。

作为名字，有一些意义上的区别，但是"文艺复兴"建筑和"新古典主义"建筑是指实际的建筑，就像我们讲的"唐代建筑""宋代建筑"，只是给一群具体的建筑取了个名字而已。要了解它们，不能只停留在"主义"上，还是要深入到具体的建筑里，因为"主义"是从个体中提炼出来的。

第二节
浪漫主义

一、时代背景

浪漫主义是 18 世纪下半叶到 19 世纪上半叶在欧洲文学艺术领域中的另一种主要思潮。它在建筑上也得到一定的反映，不过影响较小。

浪漫主义产生的社会背景比较复杂。在资产阶级革命以后，欧洲的资产阶级统治确立起来，资本主义剥削方式逐渐替代了封建剥削，小资产阶级与农民在革命斗争中落了空，新兴的工人阶级仍然处于水深火热之中。于是社会上开始出现了像圣门西、博立叶、欧文等乌托邦社会主义者，他们反映了小资产阶级的心情，也掺有某些没落贵族的意识，他们憎恨工业化城市带来的恶果，提倡新的道德世界，反对阶级斗争，企图利用和平手段说服资产阶级放弃对劳动人民的剥削压迫。**在新的社会矛盾下，他们回避现实，向往中世纪的世界观，崇尚传统的文化艺术，这正好符合大资产阶级在国际竞争中强调祖国传统文**

化的优越感。所有这些错综复杂的社会意识，在艺术与建筑上导致了浪漫主义的产生。浪漫主义一开始就带有反抗资本主义制度与大工业生产的情绪，另一方面它却夹杂有消极的虚无主义的色彩。

二、主要成就

浪漫主义起源于 18 世纪下半叶的英国，18 世纪 60 年代到 19 世纪 30 年代是浪漫主义的早期，或称为先浪漫主义时期。先浪漫主义带有旧封建贵族追求中世纪田园生活的向往，以逃避工业城市的喧嚣。在建筑上则表现为模仿中世纪的赛堡或哥特风格。模仿赛堡的典型例子如埃尔郡的克尔辛府邸，模仿哥特教堂的是被称为威尔特郡的封蒂尔修道院的府邸。

此外，先浪漫主义在建筑上还表现为追求非凡的趣味和异国情调，有时甚至在园林中出现了东方建筑小品。例如英国布莱顿的皇家别墅（图 5-8、图 5-9），就是模仿印度伊斯兰礼拜寺。

从 19 世纪 30 年代到 70 年代是浪漫主义的第二个阶段，是浪漫主义真正成为一种创作潮流的时期。这个时期浪漫主义的建筑常常是以哥特风格出现的，所以也称为哥特复兴。尤其是它富于宗教的神秘气息，适合于教堂建筑。哥特复兴式不仅用于教堂，而且也出现在一般的世俗性建筑中，这反映了当时西欧一些人对发扬民族传统文化的恋慕，认为哥特风格是最具有画意和神秘气息，并试图以哥特建筑结构的有机性来解决古典建筑所遇到的建筑艺术上与技术上之间的矛盾。

图 5-8　英国布莱顿的皇家别墅外景

图 5-9　英国布莱顿的皇家别墅内景

为哥特正名

对哥特式建筑的美感的发掘最早是在 18 世纪的英国出现的。

1740 年前后，英国人托马斯·格雷就评论过兰斯大教堂的哥特式美感；在欧洲大陆，歌德的《论德意志建筑》被视为具有标志性的意义的文献，歌德 1772 年时曾赞叹过斯特拉斯堡大教堂这株上帝之树的崇高之美。作为哥特艺术的发祥地，法国的建筑史家似乎对这场正名运动比较迟钝，直到 19 世纪初哥特式才慢慢失去贬义意味（此说参考的是法语词源词典），人们认为夏多布里昂在这方面是个具有转折意义的人物。

浪漫主义最著名的建筑作品是英国国会大厦（图5-10）。它采用的是亨利第五时期的哥特垂直式，原因是亨利第五曾经一度征服法国，采用这种风格更象征着民族的自豪感。此外，如英国的圣吉尔斯教堂（图5-11），以及曼彻斯特市政厅（图5-12），都是哥特复兴式建筑较有代表性的例子。

浪漫主义建筑和古典复兴建筑一样，并没有在所有的建筑类型中取得阵地。它活动的范围主要限于教堂、学校、车站、住宅等类型。同时，它在各个地区的发展也不尽相同，大体来说，英国、德国流行较广，时间也较早，而法国，意大利则流行的面较小，时间也较晚。这是因为前者受古典的影响较少，而传统的中世纪形式影响较深的缘故，后者则恰恰相反。

三、设计要素

英国的哥特复兴就具有垂直哥特的纯正英国风格。例如，阿波里大厦的沙龙所运用的垂直哥特手法与教堂穹顶结合。此时的穹顶结构已经被垂直哥特的顶部演变得非常繁杂，精细的装饰网几乎令建筑的真实结构变异，结构变得令人难以捉摸，这将合理的装饰手法推向极致，走向了它的反面，从而重蹈了洛可可风格的覆辙。哥特复兴在法国又有自己的独特风格。

此时巴黎也流行哥特复兴建筑，例如比奥哈奈斯旅馆的室内设计就是以色彩鲜艳的哥特风格与摩尔式风格巧妙地组合在一起，室内设计轻巧优美，色彩丰富而统一，室内家具的纹样丰富，但与墙面纹样高度统一，室内风格清新美妙，是一种典型的哥特复兴室内设计。

最具有创造性的英国哥特复兴建筑是由巴特菲尔德设计的作品伦敦玛格丽特街全圣教堂（图5-13、图5-14）。他独出心裁，室内是简洁的哥特结构形式，但墙面上贴满了不同颜色的釉面砖，地砖、大理石组成强烈的几何图案。他的哥特风已不是浪漫主义的，他的装饰是一个表达完好的结构细部创新的方式——强调"诚实"，这是后来20世纪现代主义表达结构的预先尝试。

图5-10 英国国会大厦

图5-11 英国的圣吉尔斯教堂

图5-12 曼彻斯特市政厅

图 5-13　伦敦玛格丽特街全圣教堂外景　　　　　图 5-14　伦敦玛格丽特街全圣教堂内景

小/贴/士

如何辨别哥特式建筑和哥特复兴式建筑？

首先，哥特与哥特复兴，就像古文之与古文运动一样。拿秦汉的古文，和唐宋八大家的雄文一对比，就知道后者是明确的摘取前者的某方面在学。哥特复兴主要学的就是哥特的立面和装饰，而其他如结构、空间等，要么是力不从心学不来，要么是学来了也没青胜于蓝。

总结一下，若非仿古之作，则以时代区别；不看时代的话，一般体貌也易于区别：前者好比一体长出来的，后者好比外表堆出来的；当然也有特例，实在分不出来。若是仿古之作，一般认定哥特式，再细看排除之。

第三节
折中主义

一、时代背景

折中主义是 19 世纪上半叶兴起的另一种创作思潮，这种思潮在 19 世纪末和 20 世纪的欧美盛极一时。折中主义为了弥补古典主义与浪漫主义在建筑上的局限性，任意模仿历史上的各种风格，或自由组合各种形式，所以也称之为"集仿主义"。

折中主义的产生是由于几个方面促成的。19 世纪后半叶资本主义在西方得到胜利后，资产阶级的真面目很快暴露出来，他们将"民主、自由、独立"的革命旗帜抛弃在一边，古典外衣对其已经失去了任何精神上的庇护。这时，一切生产都已经商品化。建筑也毫不例外，需要丰富多彩的式样来满足商标的要求并满足资产阶级个人玩赏与猎奇的嗜好。

二、主要成就

折中主义建筑的代表作有:巴黎歌剧院、罗马的伊曼纽尔二世纪念建筑、巴黎的圣心教堂。

中央大街 21 号原为阿格夫洛夫洋行(图 5-15),建成于 1923 年,1951 年又加建了第四层砖木结构,为折中主义建筑风格。首层为基座层,墙面做仿重石砌筑的横向水平分隔,增加稳定感。

三、设计要素

罗马的伊曼纽尔二世纪念建筑,是为纪念意大利重新统一而建造的,它采用了罗马的科林斯柱廊和希腊古典晚期的祭坛形制而建成。

巴黎的圣心教堂(图 5-16、图 5-17),它高耸的穹顶和厚实的墙身呈现拜占庭建筑的风格,兼取罗古建筑的表现手法;芝加哥的哥伦比亚博览会建筑则是模仿意大利文艺复兴时期威尼斯建筑的风格。

随着大工业生产的到来,工业革命势不可挡,一种适应工业发展需求的全新结构的大型公共建筑将要出现。新技术、新材料为实现这些全新的建筑提供了强大的物质基础与技术条件。**建筑的功能越来越复杂,那些陈旧的建筑观念、创作手法、艺术形式和那些古老的建筑材料、结构形式都不适应新时代的发展。钢铁、玻璃、铝合金、钢筋混凝土的出现,彻底地改变了建筑的面貌。新材料将创造出全新的建筑结构,全新的结构将创造出不同以往任何形式的新建筑形象。**工业革命的到来将抛弃所有旧传统的建筑。工业革命将翻开建筑史的全新宏伟篇章。

图 5-15　中央大街 21 号

图 5-16　圣心教堂内部穹顶

图 5-17　圣心教堂内部装饰

中国近代折中主义建筑文化——哈尔滨车辆厂文化宫

中国近代建筑的发展，在1900—1937年期间是一个高潮，特别是中前期，建筑发展的主流趋势是西方折中主义，姑且称作中国建筑史上的折中主义时期。在这一时期涌现出的大量建筑作品，无论从其社会功能、使用材料、内在结构和外在形式，都已经明显地不同于中国传统建筑。折中主义建筑的特点是博采众长。

哈尔滨有东方小巴黎的美誉，其大多数保护建筑即为折中主义建筑。哈尔滨建筑中折中主义作品比重很大，甚至在新艺术运动建筑中也不难找到折中主义的成分。代表建筑有铁路文化宫（原中东铁路俱乐部）、车辆厂文化宫、亚细亚电影院（原敖连特电影院）、新闻电影院（原丽都电影院）等。

第四节
案例分析

一、巴黎歌剧院建筑概况

巴黎国家歌剧院，俗称加尼叶歌剧院（因由建筑师查尔斯·加尼叶设计而命名），简称巴黎歌剧院。巴黎歌剧院是折中主义建筑的代表。

巴黎歌剧院（图5-18）属于新文艺复兴，美术风格又称第二帝国风格或第二帝国巴洛克风格，它是在现代主义建筑时代之前世界上规模最大、功能最完善、装饰最华丽的剧院建筑。该建筑**由皇帝拿破仑三世在第二帝国期间发起，是法国拿破仑三世时期建筑艺术中的经典之作之一，并由豪斯曼男爵负责监督重建。1858年，皇帝授权豪斯曼，以明确所需的12000平方米的土地，在上面建立一座世界著名的巴黎歌剧院和芭蕾舞团的剧院。该项目**

在1861年进行建筑主题设计竞赛，由建筑师查尔斯·卡尼尔获得设计权，并由1862年开始建设。

图5-18　巴黎歌剧院全景

二、设计要素

进入歌剧院，马上就会被壮观的大楼梯（图5-19、图5-20）吸引。大楼梯厅的设计风格是文艺复兴时期米开朗基罗创造的装饰手法——主题装修手法，把大楼梯当作室内设计的构图中心。另外，大楼梯用的都是动感极强的弧线，所以室内动态线的动感很强，极富装饰性。楼梯平台的人像柱是希腊建筑语汇，二层的券柱式是古罗马的建筑语汇。这是一个不折不扣的折中主义大拼盘，但是它的细部都极为精美，给人一种形式美的享受。大楼梯上方天花板（图5-21）上则描绘着许多寓言故事。

欣赏过大楼梯后，可从两侧进入歌剧院走廊（图5-22）。这些走廊提供听众在中场休息时社交谈话的场所，精美壮观程度不下于大楼梯。加尼叶构想将大走廊设计成类似的古典城堡走廊。在镜子与玻璃交错辉映下，与歌剧欣赏相得益彰。此外，走廊上方的壁画也精美异常（图

5-23）。

剧院有着全世界最大的舞台（图5-24、图5-25），可同时容纳450名演员。剧院里有2200个座位。演出大厅的悬挂式分枝吊灯重约八吨（图5-26、图5-27）。

巴黎歌剧院具有十分复杂的建筑结构。剧院有2531个门，7593把钥匙，6英里长的地下暗道。歌剧院的地下层，有一个容量极大的暗湖，湖深6米，每隔10年剧院就要把那里的水全部抽出，换上清洁的水。

图5-19　歌剧院华丽的入口楼梯

图5-20　楼梯近景

图5-21　天花板上描绘的童话故事

图5-22　歌剧院走廊

图5-23　走廊上方的壁画

图5-24　舞台一侧

图5-25　舞台远景

图5-26　吊灯远景

图5-27　吊灯近景

本 / 章 / 小 / 结

　　本章着重于复古思潮，建筑创作中的复古主义思潮是指从 18 世纪 60 年代至 19 世纪末流行于欧美的古典复兴、浪漫主义与折中主义。通过对不同思潮的时代背景、主要成就和设计要素进行分析，了解复古思潮下的建筑风格。

思考与练习

1. 简述希腊复兴式的特点。

2. 简述哥特复兴式的特点。

3. 折中主义建筑的设计核心是什么?

4. 复古主要有哪些建筑风格的复古?

5. 思考我国有无复古思潮建筑，查阅相关资料，赏析其设计风格。

第六章
现代主义

学习难度：★★★★☆

重点概念：工艺美术运动、维也纳分离派、风格派、现代主义

章节导读

现代主义风格不是"简约风格"。虽然现代主义风格大多数时候看起来非常简约，但是两者不能等同。现代主义风格的核心理念是以人为本、装饰即罪恶。现代主义认为实用性是最好的装饰，一切纯装饰部分都是应该从主体上去除的。可是如何认定哪些部分是和实用性紧密相关？哪些部分是所谓的"纯装饰"？这个问题却比想象的要复杂得多。

有些现代主义室内设计作品看起来非常简单，其实每个元素的朝向、比例、尺度、结构、色彩和材质都是被精心雕琢过的。目的是让使用这一空间的人在里面能尽可能舒适、方便，并且获得美的享受。这个过程中涉及的各种知识，现在已经发展成为"人体工程学""环境心理学"等多个学科。可是在现代设计诞生之初，这些种种复杂的因果关系都是由那个年代的大师们一点一点地摸索出来的。他们的努力为工业化社会中的设计工作寻找到了一条捷径，即"现代主义风格"。

但是现代主义风格，成为真正的"没有风格的风格"，以至于"千城一面""盒子城市"，后来人们把这种无甚追求的风格称为"简约风格"。实际上，现代主义风格对于形式美的追求，丝毫不亚于古典主义。

知名建筑赏析　马赛公寓（图6-1）

图6-1　马赛公寓

第一节
工艺美术运动

一、时代背景

工艺美术运动起源于19世纪下半叶英国的一场设计改良运动，其名字来自约翰·拉斯金的作品，运动的时间段为1880年至1910年。

设计改良运动的起因是针对装饰艺术、家具、室内产品以及建筑等因为工业革命的批量生产所带来的设计水平下降。但是，由于工业革命初期人们对工业化意识的认识不足，加上当时英国盛行浪漫主义的文化思潮，英国工艺美术的代表人物始终站在工业生产的对立面。进入20世纪，英国工艺美术转向形式主义的美术装潢，追求表面效果，结果使英国的设计革命未能顺利发展，反而落后于其他工业革命稍迟的国家。而另一些国家从英国工艺美术运动得到启示，又从其缺失之处得到教训，因而设计思想的发展演变快于英国，后来居上。

运动的理论指导是约翰·拉斯金，运动的主要成员是威廉·莫里斯、察尔斯·马金托什、C.F.A.沃塞和拉菲尔前派等。

二、主要成就

工艺美术运动的代表性建筑有魏布设

小/贴/士

工艺美术运动成员的主要思想

约翰·拉斯金，作为"工艺美术"运动的理论指导，他的主要思想是艺术要与技术、生活相结合；强调实用主义，反对维多利亚风格矫揉造作的装饰；设计思想具有民主主义和社会主义色彩，强调为大众设计；提出向自然学习，强调将观察融入到设计中去。

威廉·莫里斯，作为"工艺美术"的奠基人，生于1834年，于1896年去世。他也一直被视为对工业和资本主义现实无望的梦想者和理想主义者。他的理想是通过设计进行社会改革。他的主要思想是反对机械化、工业化风格，反对装饰过度的维多利亚风格，认为哥特式、中世纪设计才是诚实的设计；强调产品设计和建筑设计是为人民服务的，而不是为少数人；设计必须是集体活动，而不是个体活动；具体设计上强调实用性、美观性相结合。

C.F.A.沃塞是建筑家出身，长期从事室内设计与家具设计。他虽然受莫里斯的思想影响，但是他并不对中世纪哥特式风格毕恭毕敬。他设计的家具十分简约、朴实，更容易实现批量生产，在实践上更接近"工艺美术"运动为大众设计的实质。他的代表作有《果园住宅》，这个项目完成于"工艺美术"运动鼎盛时期。

计的莫里斯红屋和美国的甘布尔兄弟设计的甘布尔住宅（图6-2、图6-3）。将理论与实践加以结合的评论者，以威廉·莫里斯最为著名。1859年，他与菲利普·韦合作设计并建造了"红屋"，内部的家具、壁毯、地毯、窗帘织物等，均由莫里斯亲自设计。

它们实用、合理的结构，以及追求自然的装饰体现了浓郁的田园特色和乡村别墅的风格。从此，他开设了十几个工厂并于1861年成立了独立的设计事务所，把包括建筑、家具、灯具、室内织物、器皿、园林、雕塑等构成居住环境的所有项目纳入业务之中，并以典雅的色调，精美自然的图案备受青睐。

三、设计要素

工艺美术运动的代表特征是强调手工艺（图6-4），反对机械化的工业生产；在装饰上反对矫揉造作的维多利亚风格和其他古典、传统的复兴风格；提倡哥特风格和其他中世纪的风格——讲究简单、功能良好（图6-5）；主张设计上的诚恳，反对设计上的哗众取宠、华而不实；装饰上推崇自然主义、东方装饰和东方艺术的特点。

其成员来自各行各业，他们在思想上是一致的，那就是工艺是至高无上的，手工打造的产品价值远大于机器制造的商品。工艺美术使人感到一种清淡雅致的美，从美学角度看，它的艺术格调是高雅的。

图6-2 甘布尔住宅外景

图6-3 甘布尔住宅内景

图6-4 莫里斯设计的椅子

图6-5 造型简单的生活用具

128

工艺美术运动时期的首饰设计践行者 C.R. 阿什比

C.R. 阿什比是金属和珠宝设计师、艺术家，艺术与工艺运动时期首饰设计界的变革者。当时极具影响力的手工艺联盟创始人 C.R. 阿什比是威廉·莫里斯的忠实信徒。他对机械的看法却比莫里斯先进，不像莫里斯那么排斥机械，因为他发现谨慎利用机器能带来便利。

C.R. 阿什比秉持约翰·拉斯金和威廉·莫里斯的理念，参考中世纪的工会模式的联盟，发起了手工艺联盟。手工艺联盟的设计大部分是由 C.R. 阿什比所提供，他对金属及珠宝作品特别在行，设计风格主要以有机整体感和纯粹的抽象造型表现，具有强烈的新艺术特点。

第二节
新艺术运动

一、时代背景

自普法战争之后，欧洲得到了一个较长时期的和平，政治和经济形势稳定。不少新近独立或统一的国家力图跻身于世界民族之林，并打入竞争激烈的国际市场，这就需要一种新的、非传统的艺术表现形式。

新艺术运动是 19 世纪末 20 世纪初在欧洲和美国产生并发展的一次影响深远的"装饰艺术"的运动，是一次设计上的形式主义运动。它涉及十多个国家，从建筑、家具、产品、首饰、服装、平面设计、书籍插画一直到雕塑和绘画艺术都受到影响，延续时间长达十余年，是设计史上一次非常重要的形式主义运动。

这场运动实质上是英国"工艺美术运动"在欧洲大陆的延续与传播。在思想理论上并没有超越"工艺美术运动"。新艺术运动主张艺术家从事产品设计，以此实现技术与艺术的统一。

新艺术的出现经过很长时间的酝酿阶段，许多著名的设计家都认为英国文化为新艺术运动铺平了道路。但是，对于新艺术发展影响最深的还是英国的工艺美术运动。威廉·莫里斯十分强调装饰与结构因素的一致和协调，为此他抛弃了被动地依附于已有结构的传统装饰纹样，而极力主张采用自然主题的装饰，开创了从自然形式、流畅的线型花纹和植物形态中进行提炼的方法。新艺术的设计师们则把这一方法推向了极端。

工艺美术运动的思想在欧洲大陆广为传播，却在追求美学社会理想的过程中转变为接受机械化，最终导致了一场以新艺术为中心的、广泛的设计运动，并在 1890 年至 1910 年间达到了高潮。

二、主要成就

高蒂是西班牙新艺术运动的最重要代表。早期具有强烈的阿拉伯摩尔风格特征。属于这种风格的典型设计是建于1883——1888年间，位于巴塞罗那卡罗林区的文森公寓（图6-6）。这个设计的墙面大量采用釉面瓷砖做镶嵌装饰处理（图6-7）。高蒂从中年开始，在他的设计中，糅合了哥特式风格的特征，并将新艺术运动的有机形态、曲线风格发展到极致，同时又赋予其一种神秘的、传奇的隐喻色彩，在其看似漫不经心的设计中表达出复杂的感情。

高蒂最富有创造性的设计是巴特洛公寓（图6-8）。整个大楼一眼望去就让人感到充满了革新味。构成一、二层凸

窗的骨形石框、覆盖整个外墙的彩色玻璃镶嵌及五光十色的屋顶彩砖，呈现了一种异乎寻常的连贯性，赋予大楼无限生气。公寓的窗子被设计成似乎是从墙上长出来的，造成了一种奇特的起伏效果。一楼房屋顶部是巨大的螺旋造型，像大海的漩涡一样，漩涡中心是海葵样的顶灯（图6-9、图6-10）。

高蒂设计的米拉公寓（图6-11），其外部呈波浪形，内部（图6-12）也没有直角，包括家具在内，都尽量避免采用直线和平面。由于跨度不同，他使用的抛物线拱产生出不同高度的屋顶，形成无比惊人的屋顶景观，整座建筑好像一个融化时的冰淇淋。

图6-6　文森公寓外景

图6-7　釉面瓷砖装饰

图 6-8　巴特洛公寓外景

图 6-9　海葵样的顶灯

图 6-10　顶灯旁的设计

图 6-11　米拉公寓外景

图 6-12　米拉公寓内景

三、设计要素

新艺术所形成的相对于古典主义的简洁、几何化和可能脱胎于植物花卉的装饰纹理的特色使得它和其他诸如新古典、哥特复兴等具有同样分量。

新艺术强调手工艺，从根本上说，新艺术运动不反对工业化；它完全放弃传统装饰风格，开创全新的自然装饰风格；强调自然中不存在直线和平面（图 6-13），突出表现曲线和有机形态；受东方风格影响，尤其是日本江户时期的装饰风格与浮世绘的影响；探索新材料和新技术带来的艺术表现的可能性。它们都是对维多利亚风格和其他过分装饰风格的变革，是对工业化风格的强烈反映，旨在重新掀起对传统手工艺的重视和热衷（图 6-14）；它们都放弃传统装饰风格的参照，转向采用自然中的一些装饰元素。

图 6-13　马蒂斯的"安乐椅"

图 6-14　手工家具

新艺术运动的风格特征

一是用流动的、有韵律的、波浪起伏的线或外形轮廓塑造形体的曲线型风格，这是新艺术运动最具代表性的风格。在这里艺术家们从自然界中归纳出基本线条，把自然界中植物的茎叶和花瓣以浪漫或夸张的手法或互相缠绕，或延伸，或弯曲，或变形，形成如藤蔓般生长向上的、蜿蜒交织的有机线型，体现了向上的生命活力。

二是以简洁、抽象的直线和方格有规律结合的直线型风格。雅致的直线与几何形状相结合，简洁成几何形状的玫瑰花图案与夸张的富有节奏感的长线条联系起来，形成一种理性美与和谐感。

小/贴/士

131

第三节
维也纳分离派

一、时代背景

19世纪末的20年以及20世纪初的10年间，一种以长而有致的曲折线条为特色的装饰艺术风格在欧洲盛行，体现在绘画、建筑、工艺设计、招贴画、插图艺术等各方面。1897年，克里姆特与科洛曼、莫瑟、约瑟夫、霍夫曼等人组成了维也纳分离派，克里姆特是该会第一届主席。分离派运动是维也纳的骄傲，也是19世纪末20世纪初欧洲艺术的高潮之一，在分离派运动中所引发的现代思潮与现代艺术的结合对于100年后我们这个时代仍有深刻的指导意义。

在奥地利，分离派最初隶属于"新艺术运动"。为摆脱维也纳艺术学院保守氛围的束缚，他们在领袖克里姆特的引导下，毅然打出"维也纳分离派"大旗。尽管旗帜鲜明，但没有统一的艺术纲领，旗下艺术家门类杂乱，包括建筑家和设计师等。不难看出，摆脱保守使他们携手同行，追求个性使他们再一次"分离"。

大多数维也纳分离派画家推开了表现主义的大门，而他们出身金银首饰制作世家的领袖克里姆特，独自走上象征主义路途。分离主义是个相对宽泛的概念，在绘画艺术史上，它扮演了反叛的角色，它反叛的对象就是学院派。从19世纪末开始，艺术氛围活跃的城市逐渐兴起了这种行为，在法国巴黎、德国柏林这种反叛颇具能量，于是这些"艺术叛徒"有了一个统一且形象的称谓——分离主义。

维也纳建筑师兼设计师奥托·瓦格纳

维也纳建筑师兼设计师奥托·瓦格纳（1841—1918 年）是现代建筑和设计史上一个影响极大的人物。作为一位教师、作家兼开业者，他的思想一直影响着后来的设计师。

分离派的宗旨——把建筑和装饰艺术更紧密地结合在一起，也是瓦格纳作为一个设计师的工作的重心。从 1900 年起，他的建筑和家具公开展示功能化，尤其是他的椅子，通过加强其结构产生了很强的视觉冲击。他也很喜欢新材料，例如玻璃和铝，这些新材料能帮他摆脱早期作品的装饰特征。

二、主要成就

维也纳分离派会馆（图 6-15）位于维也纳市中心的卡尔广场，是分离派设计大师的杰作：大块的墙面整洁、明快；连续有力的矩形形成了多样的对比效果；单纯的几何方圆、凹凸明暗相互呼应；金色的应用凸显现代风格。不多的装饰耐人寻味（图 6-16），最引人注目的就是金色圆顶。它由一片片象征灵感的月桂树叶组成镂空圆球，与大门外墙的浅雕花饰形成优美和谐的视觉效果，同时又使厚重的正门变得轻巧灵活。宽大的门楣上方写着分离派宣言，宣言隐于女妖美杜莎三姊妹头颅后面（图 6-17），三个妖头分别代表绘画、雕塑和建筑。

走进会馆，最令人震撼的是长 34 米的巨作《贝多芬》，那是克里姆特 1902 年为分离派第 14 届艺术展所创作的主题作品，因为那届展览的主题就是贝多芬。

瓦格纳是奥地利著名的建筑师。他早年擅长设计文艺复兴式样的建筑，19 世纪末，他的建筑思想发生了很大变化。他的建筑作品推崇整洁的墙面、水平线条和平屋顶。他认为从时代的功能与结构形象中产生的净化风格具有强大的表现力。1900 年前后他设计的一座维也纳公寓住宅（图 6-18、图 6-19）初步显示出了他的那种理想主义建筑观念。

而 1904 年，瓦格纳在设计维也纳邮政储金银行（图 6-20、图 6-21）时首次运用了简洁创新的建筑手法。维也纳邮

图 6-15　维也纳分离派会馆外景

图 6-16　金色的应用

图 6-17　女妖美杜莎三姊妹

图 6-18　维也纳公寓住宅
　　　　远景

图 6-19　维也纳公寓住宅
　　　　近景

图 6-20　维也纳邮政储金银行外立面的环视

图 6-21　营业厅

图 6-22　银行内部椅子 1

图 6-23　银行内部椅子 2

政储金银行被认为是现代建筑史上的里程碑。瓦格纳的观念和作品影响了一批年轻的建筑师（图 6-22、图 6-23）。

　　1903 年，霍夫曼为首组织了"维也纳工厂"。他们从事家具、室内金属器皿的设计，并由同盟的作坊进行生产。其产品造型呈几何形态和白与黑的组合，很少装饰，力求艺术与技术完美结合，体现产品的实用性。他的由纵横直线构成的洗练的方格网装饰特征，成为象征分离派设计风格的鲜明符号。1904—1910 年，他承担了布鲁塞尔郊区斯托克列宫的建筑设计。

小 / 贴 / 士

维也纳分离派的代表人物——约瑟夫·霍夫曼

　　约瑟夫·霍夫曼，早期现代主义家具设计的开路人，是瓦格纳的学生中家具设计方面成就最大的设计师。他为机械化大生产与优秀设计的结合做出了巨大的贡献。他主张抛弃当时欧洲大陆极为流行的装饰意味很浓重并时常转回历史风尚的"新艺术风格"。因而他所设计的家具往往具有超前的现代感。霍夫曼一生在建筑设计、平面设计、家具设计、室内设计和金属器皿设计方面有着巨大的成就。

　　在他的建筑设计中，装饰的简洁性十分突出。由于他偏爱方形和立体形，所以在他的许多室内设计如墙壁、隔板、窗子、地毯和家具中，家具本身被处理成岩石般的立体。在他的平面设计中，图形设计的形体如螺旋体和黑白方形的重复十分醒目。其装饰手法的基本要素是并置的几何形状、直线条和黑白对比色调。这种黑白方格图形的装饰手法为霍夫曼所始创，被学术界戏称为"方格霍夫曼"。

三、设计要素

维也纳分离派在设计中加进了新艺术运动风格中较少见的直线和简洁的几何造型。他们摆脱单纯的装饰，向功能性第一的原则发展（图6-24、图6-25）。因此，维也纳分离派应被视为"新艺术"运动向现代设计运动的一个过渡性阶段的设计运动。

图6-24　约瑟夫·霍夫曼为波克斯道夫疗养院设计的椅子

图6-25　约瑟夫·霍夫曼设计的简洁明快的椅子

第四节
风　格　派

一、时代背景

19世纪下半叶到20世纪初对于现代艺术来说是一个风起云涌的年代。1917在荷兰诞生了以几何抽象艺术为特征的"风格派"。艺术家们看到了社会的矛盾和混乱，看到了资本主义社会的腐朽。他们不懂得社会发展的规律，误以为用精神和艺术可以来拯救社会，可以用几何的、规则的抽象线条与色彩来建立一个精神王国，以取代资本主义世界。所以说，风格派的思想基础是唯心主义和空想社会主义。

风格派的起源是比较晚的，于20世纪20年代才出现，而且最初是以蒙德里安为代表的几名荷兰画家所创的艺术流派所开始的，着重希望体现"纯造型的表现"和"要从传统及个性崇拜的约束下解放艺术"这两句话的内涵。后来才被逐渐过渡应用到室内装潢设计中，形成了如今所说的"风格派"。

在风格派设计师们设计的居室中可以看到红、黄、蓝三原色，或者是黑、白、灰三种色彩互相搭配而产生的室内设计。

无论是在颜色还是在造型上都具有风格派设计师们的鲜明特征，是一种极具个性的室内设计。它依托于建筑设计，用简单的几何方块为设计基础，对室内进行合理的空间划分，并且时常会通过屋顶、墙面的形状和色彩对比来加强空间设计的效果。

二、主要成就

风格派最有影响的实干家之一是里特维尔德。他将风格派艺术由平面推广到三维空间，通过使用简洁的基本形式和三原色创造出优美而具功能性的建筑与家具，以一种实用的方式体现了风格派的艺术原则。他一生设计了大量家具，其中红蓝椅无疑是 20 世纪艺术史中最富创造性和最重要的作品。

里特维尔德在 1934 年设计的折弯椅和矮柜以其完美和简洁的物质形态反映了风格派运动的哲学，并向人们表明，抽象的原理可以产生出满意的作品。

红蓝椅（图 6-26）是风格派的典型作品。它由机制木条和层压板构成，13根木条相互垂直，形成了基本的结构空间。各个构件间用螺钉紧固搭接而不用榫接，

以免破坏构件的完整性。椅的靠背为红色，坐垫为蓝色，木条漆成黑色，木条的端部漆成黄色，以表示木条只是连续延伸的构件中的一个片断而已。

1919 年，里特维尔德设计了另一风格主义家具设计杰作"备餐桌"（图6-27），纵横几何结构的反复运用使得桌子的本质结构进一步暴露，并对传统文化观念中的形式因素构成了压倒性的优势。这些呈现浅淡原木色彩的构件如同积木一样逐层堆叠，构件们又彼此作用形成了整体中的一个个组成单元。这些组成单元以独立的矩形存在，与它们相接的端面部分的纯白色块则各有凹凸，既在结构上起到了边框的作用，又在色彩与材质上打破了单调，形成了视觉亮点。

几年以后，里特维尔德设计了一组吊灯，批量生产的灯管被小黑块固定住，然后悬挂起来，其中两支水平，一支垂直，由此创造了一件实用而全无矫饰的灯具。这种灯具后来被包豪斯广为采用。

1923 年底，里特维尔德设计了荷兰乌德勒支市郊的一所住宅（图 6-28），这是他第一件重要的建筑作品，其最显著的特点是各个部件在视觉上相互独立。他

图 6-26　红蓝椅

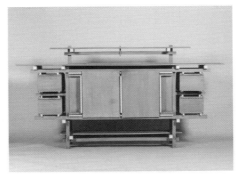

图 6-27　"备餐桌"

图 6-28　乌德勒支住宅

通过使用构件的重叠、穿插以及使用原色来强调不同构件的特点，创造了一个开放和灵巧的建筑形象。

室内陈设也体现了与室外一样的灵活性，楼层平面中唯一固定的东西就是卫生间和厨房，因而可以自由划分，适用于不同的使用要求。外部的色彩设计也同样用在室内，以色彩来区分不同的部件，又富有装饰意味。这所住宅的设计可以说是蒙德里安绘画的立体化的体现。

小／贴／士

风格派代表人物——里特维尔德

格里特·托马斯·里特维尔德是荷兰著名的建筑与工业设计大师，也是荷兰风格派的重要代表人物之一。1888年生于乌得勒支，1964年卒于该地。他是木工之子，基本上自学绘画，一生皆在乌得勒支度过。

里特维尔德在父亲手下当学徒并做了一段时期的珠宝设计工作，于1911—1919年独立经营家具木工。

在20世纪20年代后期和30年代，里特维尔德建造了很多商店、住宅和坐椅，这些作品具有强烈的现代构成风格。他是1928年"现代建筑国际学会"最初的创始人之一。

三、设计要素

风格派以简单的几何形式（图6-29）、中性色（黑、白、灰）（图6-30）、立体主义形式、理性主义形式的结构特征在第二次世界大战之后成为国际主义风格的标准符号。

风格派作品把传统的建筑、家具和产品设计中绘画、雕塑的特征完全剥除，变成最基本的几何结构单体，或者称为元素。他们把这些几何结构单体进行结构组合，形成简单的结构组合。但在新的结构组合当中，单体依然保持相对独立性和鲜明的可视性，反复运用横纵几何结构和基本原色和中性色，反对虚伪的装饰，强调形式

图6-29　里特维尔德的Z形椅

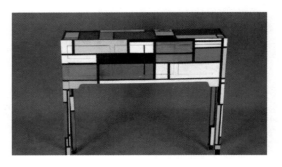

图6-30　蒙德里安风格派家具

服务于功能，追求室内空间开敞、内外通透，设计自由，不受承重墙限制，被称为流动的空间。室内的墙面、地面、天花板、家具、陈设乃至灯具、器皿等，均以简洁的造型、光洁的质地、精细的工艺为主要特征。

小/贴/士

包豪斯的后续性

尽管风格派运动成员的设计产量很小，但他们对后续的设计风格影响甚大——最显然的就莫过于紧接在后的包豪斯运动。

1919 年，包豪斯设计学院成立，当时聘请过不少风格派的成员担任讲师。然而"形式追随功能"的理念却在此获得更大的强调，原料的诚实和直接使用，也就成了最"功能性"的设计方式，所以包豪斯设计的成果反比风格派更为无华、简单。尤其在建筑中，不管是钢、玻璃、混凝土或其他工业材料，都以最直接和诚实的方式来搭建结构，色彩通常也会被舍弃，导致设计总是给人冰冷的视觉感。

第五节
装饰艺术运动

一、时代背景

第一次世界大战以后，西方社会逐渐站立起来，欧洲各国经济普遍繁荣，美国经济更是高速发展，形成了新的市场，为新的设计和艺术风格提供了生存和发展的机会。正是在这样的历史条件下，产生了 20 世纪初一场重要的设计运动——装饰艺术运动。

装饰艺术运动是一场承上启下的运动，它既对工艺美术运动、新艺术运动的自然装饰、中世纪复古表示反对，也对单调的工业化风格加以批评。在思想和意识形态方面，"装饰艺术"与之前和之后的设计运动既有联系，又有区别。一方面，他反对过往设计中强调中世纪的、古典主义的、哥特式的传统美，否定机械化时代特征，主张简单几何形式的美、机械化的美，为工业化生产的产品而设计，因此具有更加积极的时代意义；另一方面，装饰艺术运动产生动机和所代表的意识形态与现代主义运动大相径庭。否定现代主义社会为大众服务，主张以法国为中心的欧美国家长期以来的传统立场：为富裕的上层阶级服务。

装饰艺术运动是在 20 世纪 20 年代到 30 年代在法国、美国和英国等国家开展的一次风格非常特殊的设计运动。因为这场运动与欧洲的现代主义运动几乎同时发生与发展，因此，装饰艺术运动受到现代主义运动很大的影响，无论从材料的使用上，还是从设计的形式上，都可以明显看到这种影响的痕迹。它的名字来源于 1925 年在巴黎举行的世界博览会。

装饰艺术与现代主义几乎同时诞生，与现代主义的发展一样，也有许多事件影响着装饰艺术的发展。立体主义、后印象派、未来派及野兽派与壮观的俄国芭蕾艺术一起，为装饰艺术的形成起了重要的作用。1922 年发现的杜唐卡蒙墓葬和墨西哥台阶式的玛雅神庙，对装饰艺术的成形也起着重要作用。

小/贴/士

工艺美术运动、新艺术运动、装饰艺术运动的不同点

工艺美术运动注重中世纪哥特风格，新艺术则完全放弃任何一种传统装饰风格，完全走自然风格，装饰艺术运动恰恰是反对古典主义、反对自然的，强调机械化的美，和时代背景息息相关。

从影响范围来说，装饰艺术运动范围最大，这是为什么呢？因为它顺应时代发展，采取折中主义，为大批量生产提供了可能性。

二、主要成就

在法国，装饰艺术运动使法国的服饰与首饰设计获得很大发展，平面设计中的海报和广告设计也达到很高水平。格雷的室内和家具设计，把富有东方情调的豪华装饰材料与结构清晰的钢管家具完美结合。

在美国，装饰艺术运动受到百老汇歌舞、爵士音乐、好莱坞电影等大众文化的影响，同时受到蓬勃发展的汽车工业和浓厚的商业氛围的影响，形成独具特色的美国装饰风格和追求形式表现的商业设计风格，它们从纽约开始，逐渐从东海岸扩展到西海岸，并衍生出好莱坞风格。尤其在建筑、室内、家具、装饰、绘画等方面表现突出。

纽约的帝国大厦（图 6-31、图6-32）和洛克菲勒大厦（图 6-33、图6-34），在整体外观、室内、壁画、家具和餐具等方面的设计，都表现了典型的美国装饰艺术风格。

位于洛杉矶的可口可乐公司大厦，其

图 6-31　纽约帝国大厦外景

图 6-32　纽约帝国大厦内景

图 6-33　洛克菲勒大厦外景

图 6-34　洛克菲勒大厦内部商业图

建筑设计表现出汽车式的流线型形态。

　　美国纽约曼哈顿的克赖斯勒大楼（图6-35）的特色是有着丰富的线条装饰与逐层退缩结构的轮廓。外部装饰加强了这座大楼的现代感，内部的设计（图6-36）则是在唤起遥远的过去，并使克莱斯勒大

厦进入世界奇迹之列。其公众厅室展示出多种古埃及图案（图6-37），暗示这座大厦与古代法老的大金字塔不无相似之处。美国装饰风格20世纪30年代传至欧洲，使欧洲的装饰艺术风格更加丰富。

　　在英国，装饰艺术风格始于19世纪

图 6-35　克赖斯勒大楼外景

图 6-36　内部的设计

图 6-37　古埃及图案

图 6-38　克拉里奇饭店外景

图 6-39　克拉里奇饭店的房间

20 年代末，突出表现在大型公共场所的室内设计和大众化的商品（如肥皂盒、爽身粉盒等）包装上。伦敦的克拉里奇饭店（图 6-38）的房间（图 6-39）、宴会厅、走廊和阳台，奥迪安电影连锁公司兴建的大量电影院等，都表现出英国装饰艺术风格与好莱坞风格的结合。在 20 世纪 80 年代重新受到了后现代主义设计师的重视。

三、设计要素

装饰艺术具有鲜明强烈的色彩特征，与讲究典雅的以往各种设计风格的色彩计划大相径庭。在前述各种因素影响之下，形成了自己独特的色彩计划，特别重视强烈的原色和金属色彩（图 6-40），其中包括鲜红、鲜黄、鲜蓝、橘红和金属色系列（包括古铜、金、银等色彩）。装饰艺术运动纺的织品、墙纸图案中的线条大多取自花梗、花蕾、藤蔓等自然界优美、具有曲线的形体。

装饰艺术运动与大工业生产联系比较紧密，于是具有强烈时代特征的简单几何外形（图 6-41、图 6-42）自然就成为了这个年代设计师们热衷研究的中心。装饰

艺术运动被各式各样的资源影响着，这些几何元素源自于古埃及、中美洲和南美洲的古代印第安人文化，常用的几个图案有阳光放射型、闪电型、曲折型、重叠箭头型、星星闪烁型、埃及金字塔型等。

装饰艺术运动采用的新材料、新技术，创造新形势，多用金属、玻璃等材料，创建了一种新的室内设计与家具设计的美学价值。

图 6-40　强烈的原色和金属色彩

图 6-41　简单几何外形

图 6-42　几何图形的室内应用

装饰艺术运动代表人物——让·杜南

1877 年，让·杜南出生于瑞士，他成名于法国，是一位雕塑家、画家和设计师。1891 年他考入日内瓦的工艺美术学院，1897 年他来到了巴黎深造。在勃艮第的雕塑家让·邓甫托的推荐下，他进入了室内装潢和家居设计领域。

几年以后，他已经熟练掌握了各种材料的装饰技术，包括青铜、石材、象牙等。1900 年在巴黎世界博览会上，让·杜南的雕塑作品《君往何处》获得了金牌。1903 年，他拥有了自己的工作室，同年参加法国国家美术协会沙龙展，其后，他因设计作品——压花图案铜器而名声大振。

第六节　高技派

一、时代背景

高技派，亦称重技派。高技派形成于 20 世纪中叶，当时，美国等发达国家要建造超高层的大楼，混凝土结构已无法达到其要求，于是开始使用钢结构，为减轻荷载，又大量采用玻璃，这样，一种新的建筑形式形成并开始流行。

到 20 世纪 70 年代，把航天技术上的一些材料和技术应用在建筑技术之中，将金属结构、铝材、玻璃等技术相结合而构筑成一种新的建筑结构元素和视觉元素，并逐渐形成一种成熟的建筑设计语言，因其技术含量高而被称为"高技派"。

高技派于80年代末传入中国，先是在建筑外立面幕墙上使用，90年代中期开始引入到公共建筑的内部空间，逐渐变成一股时尚的设计潮流。在近十年的发展中，这种设计风格发生了三次较大的演变过程。

二、主要成就

伦佐·皮亚诺与他的英国搭档理查德·罗格斯以乔治·蓬皮杜艺术中心（图6-43、图6-44）震惊了整个建筑界，这座高科技戏仿品矗立于巴黎18世纪时的市中心。活泼靓丽、五彩缤纷的通道（图6-45），加上晶莹透明、蜿蜒曲折的电梯（图

6-46），使得蓬皮杜艺术中心成了巴黎公认的标志性建筑之一。

伦佐·皮亚诺设计的"碎片大厦"（图6-47、图6-48）靠近伦敦桥车站，它是"四分之一伦敦桥"计划的一个部分。它代替了1970年大桥街的南华大厦。这个位置的天际线位于附近交通节点的中心位置，为伦敦的扩展起到了关键的作用。

此外，该派别的代表人物还有日本设计师深泽直人和诺曼·福斯特。

深泽直人多以夸张的冷色调或前卫的造型统领全局，常用线条简练的铝边推拉门或镜面，透明或者磨砂的玻璃装饰柜体，亦或是用新巴洛克瓷砖和金属色泽的瓷砖来装饰居室。

图6-43 蓬皮杜艺术中心

图6-44 蓬皮杜艺术中心内景

图6-45 五颜六色的管道

图6-46 电梯

图6-47 碎片大厦外景

图6-48 碎片大厦内景

142

小/贴/士

在工业设计的领域，日本设计师深泽直人算得上大师中的大师。

举一个例子，我们回到家里，要用钥匙开门，然后要开灯，再然后找地方放钥匙，走的时候，又要找钥匙，然后关灯，锁门，是不是感觉流程很多？心里活动也挺多？这件事情可以更方便，更省力吗？深泽直人设计了一款台灯，钥匙放在灯底托上，灯就打开了，走的时候拿起钥匙，灯就关了。整个过程变得简单，不知不觉完成了一系列行为。

诺曼·福斯特为国际上最杰出的建筑大师之一，第21届普利策建筑大奖得主。他特别强调人类与自然的共同存在，而不是互相抵触，强调要从过去的文化形态中吸取教训，提倡那些适合人类生活形态需要的建筑形式。诺曼·福斯特一生的荣誉很多，作品有柏林议会大厦（图6-49、图6-50）、法兰克福商业银行、法国加里艺术中心、西班牙巴伦西亚会议中心等著名建筑。

图6-49 柏林议会大厦外景

图6-50 柏林议会大厦内景

小/贴/士

伦佐·皮亚诺是意大利当代著名建筑师。1998年第二十届普利兹克奖得主。因对热那亚古城保护的贡献，他亦获选联合国教科文组织亲善大使。他出生于热那亚，目前仍生活并工作于这一古城。

1964年，皮亚诺从米兰科技大学获得建筑学学位，开始了他永久性的建筑师职业生涯。他先是受雇于费城的路易斯·康工作室、伦敦的马考斯基工作室，其后在热那亚建立了自己的工作室。尽管皮亚诺深受多位建筑大师作品的影响，但自出道之日起，他就特立独行，决不墨守成规、拾人牙慧，并且始终偏爱开放式设计与自然光的效果。

皮亚诺的伟大之处在于，他的建筑作品没有一个固定的模式。皮亚诺注重建筑艺术、技术以及建筑周围环境的结合。在他的作品中，广泛地体现着各种技术、各种材料和各种思维方式的碰撞，这些活跃的散点式的思维方式是一个真正的具有洞察力的大师和他所率领的团队所要奉献给全人类的礼物。

"敢于打破常规，并坚定地使之付诸实现，你就会发现，你的设计已不受任何限制，并达到自由、自我的境界"是皮亚诺的经验之谈，也是他走向辉煌的阶梯。

三、设计要素

高技派的设计风格就是要跳出半机械、半手工的传统制作方式，把工厂化的大生产的特性突显在人们眼前，能否适应工厂化流水生产作业是建筑装饰产业效率能否提高的一个关键环节。当前很多设计师总是片面强调建筑内部空间的个性化，而没有把工作重点放在如何提高生产效率上，如果不打破传统装饰业半机械、半手工的状况，装饰产业的发展就是一句空话。**20世纪50年代后期在建筑造型和风格上有了注意表现"高度工业技术"的设计倾向。**高技派理论上极力宣扬机器美学和新技术的美感，它主要表现在三个方面。

1. 提倡采用最新的材料

运用高强钢、硬铝、塑料和各种化学制品（图6-51）来制造体量轻、用料少，能够快速与灵活装配的建筑。强调系统设计和参数设计。主张采用与表现预制装配化标准构件。

2. 认为功能可变，结构不变

表现技术的合理性和空间的灵活性既能适应多功能需要又能达到机器美学效果。这类建筑的代表作首推巴黎蓬皮杜艺术中心。

3. 强调新时代的审美观

高技派考虑技术因素，力求使工业技术高度接近人们习惯的生活方式，使人们容易接受并产生愉悦的心情（图6-52）。

高技派居室阐述了工业化所带给人们家居审美的重大改变，更加强调工业化的材质，讲究并突显生产技术带给人的现代、冰冷、科技的感觉。这种全新的以生产工

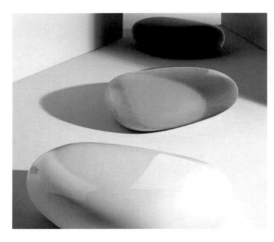

图6-51　深泽直人设计的咖啡桌采用的最新材料

图 6-52　深泽直人设计的椅子

艺为基础的设计语言，一旦服务于家居设计，则以极富另类的视角，重新诠释了现代文明。

第七节
现代主义

一、时代背景

现代主义建筑思潮产生于 19 世纪后期，成熟于 20 世纪 20 年代，在 20 世纪 50—60 年代风行全世界。

1919 年，德国建筑师格罗皮乌斯担任包豪斯校长。在他的主持下，包豪斯在 20 世纪 20 年代成为欧洲最激进的艺术和建筑中心之一，推动了建筑革新运动。

德国建筑师密斯·凡·德·罗也在 20 世纪 20 年代初发表了一系列文章，阐述新观点，用示意图展示未来建筑的风貌。20 世纪 20 年代中期，格罗皮乌斯、勒·柯布西耶、密斯·凡·德·罗等人设计和建造了一些具有新风格的建筑。

1927 年，在密斯·凡·德·罗主持下，在德国斯图加特市举办了住宅展览会，对于住宅建筑研究工作和新建筑风格的形成产生很大影响。1928 年，来自 12 个国家的 42 名革新派建筑师代表在瑞士集会，成立国际现代建筑协会。现代主义建筑思想在 20 世纪 30 年代从西欧向世界各地迅速传播。

145

小／贴／士

包豪斯设计学院

包豪斯设计学院于 1919 年成立于德国的魏玛。包豪斯设计学院是世界上第一所完全为发展设计教育而建立的学院，学院经十多年的努力成为欧洲现代主义设计的中心，并把欧洲的现代主义设计运动推到了一个空前的高度。

德文"bau"指建造和建设。"haus"的意思很多，可指房屋、住宅、家、家园，也可指世家、企业、公司、商号等。创建者为学校取名"包豪斯"，有建设者治家的意思，以区别于学院式的教育机构。招揽的学生有刚从战场回来的士兵，有工匠，有流浪汉，有失业者。年龄从 17 岁到 40 岁都有，其中三分之一是女性。

二、主要成就

弗兰克·劳埃德·赖特是美国最伟大的建筑师之一，在世界上享有盛誉。赖特师从摩天大楼之父、芝加哥学派（建筑）代表人路易斯·沙利文，后自立门户成为著名建筑学派"田园学派"的代表人物。赖特于 1908 年设计了罗比住宅（图 6-53、图 6-54），并于 1908—1910 年建造在世界顶级学府美国芝加哥大学的校园内。罗比住宅被誉为赖特"田园学派"最伟大的代表作之一和第一所纯美式建筑。

流水别墅（图 6-55）是赖特为卡夫曼家族设计的别墅。在瀑布之上，赖特实现了"方山之宅"的梦想，悬空的楼板铆固在后面的自然山石中。主要的一层几乎是一个完整的大房间（图 6-56），通过空间处理而形成相互流通的各种

从属空间，并且有小梯与下面的水池联系。在窗台与天棚之间的是一金属窗框的大玻璃，虚实对比十分强烈。整个构思是大胆的，成为世界最著名的现代建筑。

事实上，赖特设计的住宅，内部空间中总有一种想与自然环境相关联的轴线倾向和在艺术组合中起主导作用的因素（由建筑外部体形表现出来的），这是场所的概念，即地点概念的再发现。赖特住宅那种强调水平型的宽阔屋顶，完全是作为安全栖息的茅屋或木屋的一种隐喻。

勒·柯布西耶是 20 世纪最重要的建筑师之一。朗香教堂的设计对现代建筑的发展产生了重要影响，被誉为 20 世纪最为震撼、最具有表现力的建筑。朗香教堂（图 6-57）突破了几千年来天主教堂的所有形

图 6-53　罗比住宅外景

图 6-54　罗比住宅内景

图 6-55　流水别墅外景

图 6-56　流水别墅房间

制，在它建成之时，即获得世界建筑界的广泛赞誉。

朗香教堂造型奇异，平面不规则。墙体几乎全是弯曲的，有的还倾斜。塔楼式的祈祷室的外形像座粮仓。沉重的屋顶向上翻卷着，它与墙体之间留有一条40厘米高的带形空隙。粗糙的白色墙面上开着大大小小的方形或矩形的窗洞，上面嵌着彩色玻璃。入口在卷曲墙面与塔楼交接的夹缝处；室内主要空间（图6-58）也不规则，墙面呈弧线形，光线透过屋顶与墙面之间的缝隙和镶着彩色玻璃大大小小的窗洞投射下来，产生非常奇特的光线效果，使室内产生了一种神秘感。

萨伏伊别墅（图6-59）是现代主义建筑的经典作品之一，位于巴黎近郊的普

瓦西，它由勒·柯布西耶于1928年设计，并于1930年建成。这幢别墅使用的是钢筋混凝土结构。这幢白房子表面看来平淡无奇，简单的柏拉图形体和平整的白色粉刷的外墙，简单到几乎没有任何多余的装饰（图6-60），唯一的可以称为装饰部件的是横向长窗，这是为了能最大限度地让光线射入。萨伏伊别墅是勒·柯布西耶纯粹主义的杰作，是一个完美的功能主义作品，甚至是勒·柯布西耶的作品中最能体现其建筑观点的作品之一。柯布西耶原本的意图是用这种简约的、工业化的方法去建造大量低造价的平民住宅。

瓦尔特·格罗皮乌斯是德国现代建筑师和建筑教育家，现代主义建筑学派的倡

图6-57 朗香教堂外景

图6-58 朗香教堂内景

图6-59 萨伏伊别墅外景

图6-60 萨伏伊别墅内景

导人和奠基人之一，公立包豪斯学校的创办人。格罗皮乌斯积极提倡建筑设计与工艺的统一，艺术与技术的结合，讲究功能、技术和经济效益。

1958年，纽约西格拉姆大厦（图6-61、图6-62）建成，它是包豪斯那位带领学生流亡的校长密斯·凡·德·罗设计的，密斯发扬了包豪斯的精神，让简单的四方形成为立体后拔地而起，直向云端。从此，现代城市出现了高楼林立的景象，这种景象接着又成为了一座城市国际化的标志。

密斯·凡·德·罗，德国建筑师，在处理手法上主张流动空间的新概念。密斯建立了一种当代大众化的建筑学标准，他的建筑理念已经扬名全世界。作为钢铁和玻璃建筑结构之父，密斯提出的"少就是多"的理念，集中反映了他的建筑观点和艺术特色，也影响了全世界。

在芝加哥伊利诺工学院工作之际，由他设计的湖滨公寓充分显示出他是科技时代的建筑天才。1919年密斯大胆地推出了一个全玻璃帷幕大楼的建筑案，让他赢得了世界的注目，随后他设计出了许多精简风格的建筑，并在1929年设计巴塞罗那世界博览会德国馆时（图6-63、图6-64），达到事业高峰。

三、设计要素

现代装饰艺术将现代抽象艺术的创作思想及其成果引入室内装饰设计中。现代风格极力反对从古罗马到洛可可等一系列旧的传统样式，力求创造出适应工业时代精神，独具新意的简化装饰（图6-65），设计简朴、通俗、清新，更接近人们生活。

图6-61　西格拉姆大厦外景

图6-62　西格拉姆大厦内景

图6-63　世界博览会德国馆外景

图6-64　世界博览会德国馆内景

图 6-65　运用藤萝元素的椅子

图 6-66　运用铁制构件的桌子

提倡新的建筑美学原则，包括表现手法和建造手段的统一、建筑形体和内部功能的配合（图 6-66）、建筑形象的逻辑性、灵活均衡的非对称构图、简洁的处理手法和纯净的体形、吸取视觉艺术的新成果。

1. 风格特征

风格特征为平屋顶、对称的布局、光洁的白墙面（图 6-67）、简单的檐部处理、大小不一的玻璃窗、少用或完全不用装饰线脚等（图 6-68）。

2. 推陈出新

强调建筑要随时代而发展，应同工业化社会相适应，强调建筑的实用功能和经济问题，主张积极采用新材料、新结构，坚决摆脱过时的建筑式样的束缚，放手创造新的建筑风格，主张发展新的建筑美学，创造建筑新风格。

3. 造型和线条

以简洁的造型和线条为主（图 6-69）。

4. 立面和建材

通过高耸的建筑外立面和带有强烈金属质感的建筑材料堆积出居住者的炫富感，以国际流行的色调和非对称性的手法，彰显都市感和现代感。

5. 色彩

竖线条的色彩分割和纯粹抽象的集合风格，凝练硬朗，营造挺拔的形象。

6. 布局

波浪形态的建筑布局简单轻松，舒适自然。强调时代感是它最大的特点。

图 6-67　光洁的白墙面

图 6-68　少用装饰线脚

图 6-69　曲线设计的家具

现代主义建筑是不是不具有亲和力？

建筑从建筑的尺度、空间、材料几个方面体现亲和力。

现代主义建筑中理性派的作品亲和力很弱，而有机建筑派以及建筑人情化地域性派的作品具有亲和力。现代主义建筑的一个局限性就是过分强调纯净，否定装饰，使得建筑成为冷冰冰的机器，缺乏生活气息，但是这大多体现在格氏、密斯、柯布三个人身上，而赖特和阿尔瓦多体现"人情"，换句话说就是作品具有很强的亲和力。

现代主义建筑里住宅占有很大的比重，既然是住宅，尺度自然是宜人的。莱特的罗伯茨住宅、流水别墅、阿尔瓦的玛利亚别墅、珊纳特赛罗市政中心等等都强调建筑与周围自然环境融合，在材料上大都使用砖石材料，并尽量表现材料的本身的质感。尺度上也配合人体尺度，营造出和谐的环境氛围，给人亲切、舒服之感。

小/贴/士

第八节
案例分析

工艺美术运动的代表性建筑——莫里斯红屋。

1. 建筑概况

位于英格兰肯特郡乡间的红屋（图6-70）是现代设计之父威廉·莫里斯（1834—1896年）的故居。年轻的莫里斯和他的艺术家朋友们共同设计、建造、装饰了红屋，借以实现他们的艺术理想。红屋也成为19世纪工艺美术运动的重要见证，象征着世界建筑向现代建筑的转折。

莫里斯曾在牛津大学学习神学。在那里他受到了拉斯金的设计思想的影响。拉斯金对建筑和产品设计提出了若干准则，比如"师承自然、忠实于传统材料"等。这些思想引导莫里斯走上了艺术与设计道路。

在游历法国之后，莫里斯对哥特式建筑产生了浓厚兴趣，于是进入一家建筑师事务所学习建筑，从而开始了他的设计生涯。

莫里斯对于新的设计思想的第一次尝试是对他的新婚住宅"红屋"的装修。在几位志同道合的朋友的合作下，莫里斯按自己的标准设计和制作家庭用品。在设计过程中，他将程式化的自然图案、手工艺制作、中世纪的道德与社会观念和视觉上的简洁融合在了一起。依莫里斯看来，装饰应强调形式和功能，而不是去掩盖它们。

2002年，国民信托（名胜保护组织）收购红楼，并进行恢复和研究，现在向公众开放。

2. 设计要素

1860年6月，莫里斯夫妇搬进了红屋，从第二月开始，他们开始装饰这座房子。莫里斯身边所有的艺术家都参与进来，每个周末，客人们都从伦敦前来帮忙做装

151

图 6-70　莫里斯红屋

图 6-71　墙壁的装饰

图 6-72　古朴的家具

饰工作。莫里斯精简了室内的家具数量，采用明亮的墙面装饰（图 6-71），他把墙壁装饰的色彩营造出略为陈旧的感觉，以带给人怀旧的惆怅和浪漫，再搭配上暗红色的中世纪风格家具（图 6-72），于是整个房间弥漫出古典浪漫主义的气息。

房间的地板上铺着深红色瓷砖（图 6-73），莫里斯还要把天花板和墙壁都装饰起来。

莫里斯直接在墙壁的木板或石膏上绘画（图 6-74）。他自己画了一楼大客厅的天花板，这些图案大部分因为后来的主人重新装修而看不见了，只留少许片段画面（图 6-75）。客厅楼梯两侧的墙面上描绘了特洛伊战争的场面。

大客厅里，莫里斯放了一艘古希腊英雄坐的战舰，不过那只是一条 14 世纪的战船，船舷上挂的是骑士的盾牌。艺术史论家们认为这艘年代不准确的船是莫里斯往昔观念的一个象征。壁炉上方挂了块铭碑，上面写着拉丁语"艺术恒久，生命短暂"。客厅的南墙中央摆了一把大得堪称"巨型"的暗红色靠背椅。客厅天花板直通屋顶，光线从花玻璃窗（图 6-76）上投射进来，整个房间通透明亮，气氛澄澈明净。构图简洁、造型质朴的花玻璃（图 6-77）是红屋的一个重要装饰特色。

碗橱、衣柜、长凳、橡木条桌等家具工艺精良、结实耐用，细部带有哥特风格，体现了莫里斯家具设计是"简便可行的生

图 6-73　深红色瓷砖

图 6-74　墙壁上的绘画

图 6-75　绘画片段

图 6-76　花玻璃窗　　　　　　　　图 6-77　构图简洁、造型质朴的花玻璃

活艺术"的理念。那些仪式性的大家具，比如衣柜、碗橱、立柜，则绘满彩漆画。彩漆、描金图案是莫里斯家具风格的标志。

1861 年夏季，红屋基本装饰完毕。莫里斯骄傲地称它是"我自己的艺术小宫殿"，罗塞蒂感叹："从各个方面看它都是最杰出的艺术品，与其说是一个家不如说是一首诗。"

本 / 章 / 小 / 结

现代主义设计产生于 20 世纪 20 年代，并在欧美等国家流行起来，"现代主义"设计一直繁荣到 20 世纪 70 年代。在现代主义的影响下，从建筑设计上发展起来的"国际主义风格"在 20 世纪 50 年代晚期达到发展的鼎盛时期，垄断了整个建筑界。本章从工艺美术运动、新艺术运动、装饰艺术运动以及各种流派对现代主义设计进行了系统阐述。

思考与练习

1. 装饰艺术运动、新艺术运动、工艺美术运动有哪些区别？

2. 了解现代主义的一些代表人物及其代表作品。

3. 查阅相关资料，简述包豪斯学院的意义。

4. 简述勒·柯布西耶设计的萨伏伊别墅与赖特设计的罗伯茨住宅的差别。

5. 赏析赖特的流水别墅。

第七章

后现代主义

学习难度：★★☆☆☆

重点概念：后现代主义、解构主义

章节导读

　　任何一种观念主义都不是孤立存在的，都有它产生、发展的生存土壤。后现代主义设计亦是如此，它是西方工业文明发展到一定阶段的衍生物，是历史在特定的文化环境、物质条件下的必然反映，我们可以从后现代主义设计思潮的社会文化背景中寻求它的根源。

　　"冰起于水而寒于水，青出于蓝而胜于蓝"。后现代主义是起源于现代主义内部的一种逆动，是对现代主义纯理性的反叛，终日面对冷漠呆板的设计使人们感到厌倦，它表达了人们对于具有人性化，人情味产品需求的心声。现代主义与后现代主义在风格上更是两个极端，但在诸多方面互有异同。

　　"人事有代谢，往来成古今"。现代主义风格引领设计潮流已近一个世纪。从威廉·莫里斯为"红屋"设计的家具到麦金托什设计的直背餐椅、从赖特的"流水山庄"到格罗皮斯的包豪斯校舍、勒·柯布西耶的萨沃伊别墅都充分体现了现代主义的设计风格。然而，现代主义在完成特定的使命后走下了历史的神坛，后现代主义成为主流设计。

知名建筑赏析　阿斯泰尔·罗杰斯大楼（图7-1）

图7-1　阿斯泰尔·罗杰斯大楼

第一节
后现代主义

一、时代背景

最早提出后现代主义看法的是美国建筑家罗伯特·文丘里。而美国建筑家罗伯特·斯特恩从理论上把后现代主义建筑思想加以整理，完成了一个完整的思想体系。

后现代主义，严格地说应当称之为"现代主义之后"，它以对现代主义的反动和修正，形成了与其截然不同的形式风格。针对现代主义后期出现的单调、缺乏人情味的理性而冷酷的面貌，后现代主义以追求富于人性的、装饰的、变化的、复杂的、个人的、传统的表现形式，塑造出多元化的特征，因此，后现代主义似乎并不具备严格的理论上的变革，而是单纯地从形式的角度批判和反对现代主义，与其说它是一种观念，倒不如说是一种风格样式。

1972 年，由日本设计师山崎实设计的普鲁帝·艾戈公寓被拆毁，标志着现代主义建筑风格的结束，美国评论家、建筑家查尔斯·詹克斯大声喊到："现代主义死了。"从此，在建筑界鲜明地打出了后现代主义风格的旗帜，而后影响到平面设计和产品设计，产生了后现代主义设计运动，并于 80 年代走向顶峰。其中，以利用历史装饰动机进行折中主义式装饰的"狭义后现代主义"到 90 年代初期开始衰退，而注重对经典现代主义的批判和挑战的"广义后现代主义"则一直延续至今。

后现代风格是对现代风格中纯理性主义倾向的批判，后现代风格强调建筑及室内装潢应具有历史的延续性，但又不拘泥于传统的逻辑思维方式，探索创新造型手法，讲究人情味，常在室内设置夸张、变形的柱式和断裂的拱券，或把古典构件的抽象形式以新的手法组合在一起，即采用非传统的混合、叠加、错位、裂变等手法和象征、隐喻等手段，以创造一种融感性与理性、集传统与现代、融大众与行家于一体的即"亦此亦彼"的建筑形象与室内环境。

小/贴/士

罗伯特·文丘里

1925 年 6 月 25 日出生于美国费城的罗伯特·文丘里，无疑是后现代主义建筑的奠基人之一，也是迄今为止具有相当影响的国际建筑大师。他的后现代主义理论和实践引发了后现代主义建筑运动，他在当代建筑史上具有非常重要的地位。

罗伯特·文丘里 1947 年在普林斯顿大学建筑学院学习，毕业后为了进一步了解欧洲传统的建筑体系，他又到意大利罗马的美国学院学习深造。回国后曾在三个非常重要的现代主义建筑大师手下工作，分别是奥斯卡·斯托罗诺夫、功能主义大师埃罗·沙里宁、路易·康。

跟随这三个风格不同的大师工作，文丘里学习到许多东西，一方面对现代主义、国际主义风格有了深刻的理解，同时也对几位大师企图突破密斯风格垄断的努力印象深刻。1964年，他与友人约翰·劳什、妻子丹尼斯·布朗合作，开设了自己的设计事务所，开始了他漫长的设计生涯。

二、主要成就

美国建筑师斯特恩提出后现代主义建筑有三个特征：采用装饰、具有象征性或隐喻性、与现有环境融合。

墨尔本诵读中心和戏剧公司剧场（图7-2）于2009年年初开放，旨在恢复墨尔本南岸的砂质住宅区。大楼的外部以多角结合为特点，用二维材质和辉光管作装饰。大厦内部的墙壁可以（图7-3）在舞台阴暗的时候照亮大厦。该建筑在2009年度的澳大利亚维多利亚式建筑中被评为最好的新建筑。

在伦敦中心金融区的圣玛莉斧头街街上，一座状如黄瓜的建筑高耸入云，这就是被称为"小黄瓜"的瑞士再保险公司总部大楼（图7-4）。它楼高为180米，在伦敦城区内排名第二，在整个大伦敦地区也是第六高的建筑。该建筑由普里兹克建筑大奖的得主诺曼·福斯特和其前度合作伙伴肯·沙特尔华斯负责兴建，以其大胆的设计而闻名遐迩（图7-5）。

滨海艺术中心（图7-6）坐落在新加坡市区内的新加坡河入海口，与滨海湾毗邻，成为岛国新加坡的表演艺术中心。滨海艺术中心于2002年投入使用，外形奇特突出，宛若两颗大榴莲，很多人都称它为榴莲艺术中心，但其内部陈设（图7-7）却充满欧洲剧院风味，功能多元化，包含音乐厅、戏剧院、购物中心、餐厅及户外表演空间等，让东方与西方的艺术文化在此撞击出最美的火花。

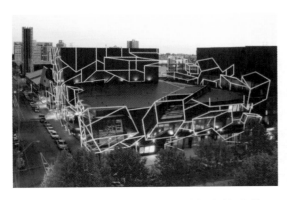

图7-2 墨尔本诵读中心和戏剧公司剧场外景　　图7-3 大厦内部的墙壁　　图7-4 瑞士再保险公司总部大楼外景

图 7-5　大楼顶部　　　　　　图 7-6　滨海艺术中心外景　　　　图 7-7　滨海艺术中心内部陈设

于 2008 年投入使用的奥斯陆歌剧院（图 7-8）就像一座冰山一样在奥斯陆拔地而起。倾斜的大理石天台对市民开放，下面是一个有 1350 个座位的礼堂（图 7-9）。奥斯陆歌剧院因其当代的建筑风格而荣获 2009 年度欧洲建筑密斯·凡·德·罗奖。

2004 年投入使用的西雅图中央图书馆（图 7-10）是由荷兰建筑师雷姆·库哈斯设计的。该图书馆是美国众多喜好读书者的天堂，也是美国最有权威的图书馆之一。其钢加玻璃的外部既是现代建筑又

是未来派建筑的风格，内部还有一些秘密的读书区域（图 7-11），而且游人还可以在这个 11 层的建筑中一睹皮吉特海峡的风采。

于 2007 年投入使用的纽约新当代艺术博物馆（图 7-12）在第二年被康德·纳斯特誉为建筑七大奇迹之一。该博物馆就像一个分层的婚礼蛋糕，其内部（图 7-13）也陈列了很多当代的艺术作品。

三、设计要素

就狭义的后现代主义而言，它是比较

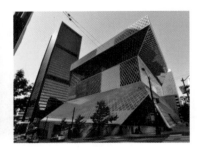

图 7-8　奥斯陆歌剧院外景　　　　图 7-9　奥斯陆歌剧院内部　　　　图 7-10　西雅图中央图书馆外景

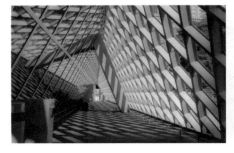

图 7-11　内部秘密的读书区域　　　图 7-12　新当代艺术博物馆　　　图 7-13　新当代艺术博物馆内部

强调历史风格，采用折中手法达到强烈表现装饰效果的装饰主义作品。从这个角度来说其典型特征表现在它的历史主义和装饰主义，以及对历史动机的折中主义处理手法和它的娱乐性、处理装饰细节的含糊性里，这些特征在罗伯特·温图利、迈克尔·格雷夫斯、阿道·罗西等人的作品中可见一斑。

小/贴/士

迈克尔·格雷夫斯——后现代主义建筑大师

格雷夫斯是个全才，除了建筑，他还热衷于家具陈设，涉足用品、首饰、钟表乃至餐具设计，范围十分广泛。在美国，尤其在东海岸诸州，在钟表或服装店中，很容易看到格雷夫斯设计的物品出售，从耳环乃至电话机，或是皮钱夹，都可能标明设计者是格雷夫斯。在迪士尼乐园中，几万平方米的旅馆以及旅馆中的一切，几乎全是格氏的作品。除了大炮、坦克、潜水艇之外，大部分的产品格氏都有涉足。

后现代风格在追求现代化潮流的同时，将传统的典雅和现代的新颖相融合，创造出融合时尚与典雅的大众设计。以复杂性取代了现代风格简洁、单一的特性，使用非传统的混合、叠加等手段，替代了现代风格统一、明确的特性，在艺术风格上更加多元化。

后现代风格家居设计的核心是一种玩世不恭，有别于现代主义纯理性的逆反心理。后现代风格强调建筑及室内装潢，要有历史的延续性，讲究人情味，不拘泥于传统逻辑思维方式，完美呈现出不同的家居风格。

后现代主义家具（图7-14～图7-16）突破传统家具的繁琐和现代家具的单一局限，将现代与古典、抽象与细致、简单与繁琐等巧妙地组合起来。

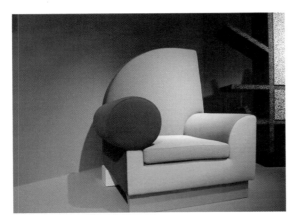

图 7-14　Bel Air chair

图 7-15　椅子

图 7-16　kiss chair

图 7-17 Tahiti 台灯

图 7-18 具有古典意味的衣柜

由曲线和非对称线条构成，如花梗、花蕾、葡萄藤、昆虫翅膀以及自然界各种优美、波状的形体图案等，体现在墙面、栏杆、窗棂和家具等装饰上（图7-17）。线条有的柔美雅致，有的遒劲而富有节奏感，整个立体形式都与有条不紊的、有节奏的曲线融为一体。

后现代风格是对现代风格中纯理性主义的批判，后现代风格强调建筑及室内装潢应具有历史的延续性，但又不拘泥于传统的逻辑思维方式，探索创新造型手法，讲究人情味，常在室内设置夸张、变形的柱式和断裂的拱券，或把古典构件的抽象形式以新的手法组合在一起（图7-18），即采用非传统的混合、叠加、错位、裂变等手法和象征、隐喻等手段。

大量使用铁制构件，将玻璃、瓷砖等新工艺，以及铁艺制品、陶艺制品等综合运用于室内。注意室内外沟通，竭力给室内装饰艺术引入新意。

第二节
解 构 主 义

一、时代背景

解构主义作为一种设计风格的探索兴起于 20 世纪 80 年代，但它的哲学渊源则可以追溯到 1967 年。尼采哲学成为解构主义的思想渊源之一。另外两股启迪和滋养了解构主义的重要思想运动，分别是海德格尔的现象学以及欧洲左派批判理论。

解构主义建筑是在 80 年代晚期开始的后现代建筑的发展。它的特别之处为破碎的想法，非线性设计的过程，有兴趣在结构的表面或和非欧几里的几何上花功夫，形成建筑学设计原则的变形与移位，譬如一些结构与大厦封套。大厦的视觉外观利用不可预料和受控纷乱描绘的刺激出现了无数的解构主义的"样式"。

借助理性的元素，表达非理性的内涵，这就是解构建筑的基本哲学特征。

小/贴/士

2010年的时候,弗兰克·盖里在北京开过一场讲座,令人印象极其深刻。

他顶着一头棉花糖一样的卷发,晃晃悠悠走上台,下面六百多观众鸦雀无声地看着他。老头继续神游一样地去掏自己西装内侧的口袋,拿出来一张面巾纸,展开,使劲揉,然后摔在讲台上。

就在所有人屏气凝神的时候,老头微笑着嘟囔了一句外语,翻译紧接着说:大家都说,我的建筑就是这样做出来的。

二、主要成就

为处理拉维莱特公园(图7-19)开发计划的复杂性和不定性,伯纳德·屈米以"分解"的观念在公园地上建立起三个结构系统:"面"系统、"线"系统、"点"系统。精心设计了许多小型构筑物,构筑物的形式各异,但红色却是唯一的保留颜色(图7-20)。

在方网格有秩序地组织下,"点"系统及构筑物具有了决定整个公园结构的作用(图7-21)。至此,公园设计才由"分解"实现了三个迥然不同系统的"叠合"。

丹尼尔·利伯斯金设计的柏林犹太人博物馆(图7-22)的入口是从老馆地下层进入,入口连接了新馆的三条路径。博物馆中最意味深长的是一个虚空的空间,它是利伯斯金在设计中最想表达的。在他看来,这是一个"缺席的空间",是柏林犹太人群体曾被彻底根除的见证。

弗兰克·盖里设计的比尔巴鄂古根汉姆博物馆(图7-23、图7-24)选址于城市门户之地——旧城区边缘、内维隆河南岸的艺术区域。面对如此重要而富于挑战性的地段,盖里给出了一个迄今为止建筑史上最大胆的解答:整个建筑由一群外覆钛合金板的不规则双曲面体组合而成,其

图7-19 拉维莱特公园

图7-20 红色是唯一的保留颜色

图7-21 公园内极具设计感的椅子

图 7-22　柏林犹太人博物馆　　　　图 7-23　比尔巴鄂古根汉姆博物馆外景　　　图 7-24　比尔巴鄂古根汉姆博物馆内景

形式与人类建筑的既往实践均无关涉，超离任何习惯的建筑经验之外。

弗兰克·盖里设计的迪士尼音乐厅（图7-25）落成于 2003 年 10 月 23 日，造型具有解构主义建筑的重要特征，以及强烈的盖瑞金属片状屋顶风格。落成后，是洛城音乐中心的第四座建物。主厅可容纳 2265 席（图 7-26），还有 266 个座位的罗伊迪士尼剧院以及百余座位的小剧场。**迪士尼音乐厅是洛城交响乐团与合唱团的本部。其独特的外观，使其成为洛杉矶市中心南方大道上的重要地标。**

三、设计要素

解构主义通常采用的手法是歪扭、错位、变形（图 7-27）。

解构主义最大的特色：无绝对权威，

个人的、非中心的；恒变的、没有预定设计的；没有次序、没有固定形态，流动的、自然表现的；没有正确与否的二元对抗标准，随心所欲；多元的、非统一化的，破碎的、凌乱的。

在审美方面，如果说现代、后现代、晚期现代建筑所关注的都是审美的"结果"，那么解构主义强调的是"过程"，即"读者"阅读时的审美愉悦之感（图7-28、图7-29）。

从哲学倾向来看，构成主义的主流与追求都是科学与理性，解构主义所追求的却是非理性与反逻辑的偶然机遇，它之所以用理性元素，其目的是通过理性元素的并置与冲突，去追求非理性的目的，向理性统治下的人们证明非理性的合理性。

图 7-25　迪士尼音乐厅外景

图 7-26　迪士尼音乐厅内景

图 7-27　丹尼尔·利伯斯金设计的吊灯

图7-28　弗兰克·盖里设计的鱼灯1

图7-29　弗兰克·盖里设计的鱼灯2

小/贴/士

弗兰克·盖里设计风格

弗兰克·盖里受到南加利福尼亚州大学文化的激励，但缺乏理想化的形式，盖里广泛汲取着来自艺术界的抽象片断和城市环境等方面的零星补充。盖里的作品相当独特，也很有个性，他大部分的作品中很少掺杂社会化和意识形态的东西。

他通常使用多角平面、倾斜的结构、倒转的形式以及多种物质形式，并将视觉效应运用到图样中去。盖里使用断裂的几何图形打破传统习俗，对他而言，断裂意味着探索一种不明确的社会秩序。艺术经常是盖里的灵感发源地，他对艺术的兴趣可以从他的建筑作品中了解到。

同时，艺术使他初次使用开放的建筑结构，并让人觉得是一种无形的改变，而非刻意。盖里设计的建筑通常是超现实的、抽象的，偶尔还会使人深感迷惑，因此它所传递的信息常常使人误解。虽然如此，盖里设计的建筑还是呈现出其独特、高贵和神秘的气息。

盖里采用多种物质材料、运用各种建筑形式，将幽默、神秘以及梦想等融入他的建筑体系中。

第三节
案例分析

解构主义代表建筑——柏林犹太人博物馆。

1. 建筑概况

丹尼尔·利伯斯金设计的"柏林博物馆"（犹太人博物馆）建筑，称得上是浓缩着生命痛苦和烦恼的稀世作品。反复连续的锐角曲折、幅宽被强制压缩的长方体建筑，像具有生命一样满腹痛苦的表情，蕴藏着不满和反抗的危机。

该博物馆（图 7-30）的设计时代背景为二战之后，德国从未停止对历史的反省，德国对历史的态度，使德国人、法国人甚至整个欧洲的人民都感到轻松和安全。为了表示"勿忘历史"的决心，德国还为犹太人修建了一座大屠杀纪念馆。2005 年 12 月 15 日，柏林犹太人纪念馆最终落成。

1999 年 1 月，柏林犹太人博物馆落成，里头空无一物，但是外面却有好几千人排队等着参观。当大门首度开启，人潮涌入时，工人还在进行最后的细部修饰。第一年，就有三十五万人慕名而来。两年后的德国当局把博物馆塞满了展览品，重新举办一次盛大的国际级开幕仪式，把犹太博物馆从地方机构升格为联邦机构。历时十二年，前后经过五次更名，四次政府改组，三任馆长，这栋备受争议与瞩目的建筑终于尘埃落定。

2. 设计要素

从空中俯瞰，柏林犹太人博物馆就像一道被割裂的伤疤（图 7-31）。墙上的窗（图 7-32）像用乱刀劈过的伤痕。

前厅走廊（图 7-33）具有浓烈的犹太风格。从馆的内部（图 7-34）可以看出狭长的被分隔的空间，这个空间如哥特式教堂一般窄长而高耸，右边是那些更为狭长的"窗户条"。看起来这条路似乎没有尽头。

这是一个奇高、狭斜、幽暗的空间（图 7-35），顶上一束天光投射进来，随着墙面倾泻，逐渐变得暗淡，对面墙上的冰冷铁梯（图 7-36）却不是通向天光，其上是更为幽深的黑暗。

流亡者花园是整个犹太人博物馆中唯一的矩形空间（图 7-37），然而这唯一的矩形空间的地面却是倾斜的，花园中竖立了 49 根盛满泥土的水泥立柱，在立柱的上方，橄榄树枝叶繁密地生长着，将

图 7-31　从空中俯瞰

图 7-32　墙上的窗

图 7-30　犹太人博物馆

图 7-33 前厅走廊

图 7-34 馆内部的狭长通道

图 7-35 幽暗的空间

图 7-36 铁梯

立柱与立柱之间的狭斜空间遮蔽成荫（图7-38）。

这个永久陈列的装置名为"落叶"，满地铺撒的，是痛苦呼叫着的人面（图7-39）。介绍犹太文化、历史、经济、名人的常设展，令人感觉到温暖（图7-40）。

这栋新建筑最离经叛道的地方是没有前门。参观者必须先进到柏林博物馆原来的巴洛克建筑，再走进地面下的三条通道。这两栋建筑物所涵盖的历史，彼此之间的联系虽然不是一眼可辨的，但实则是密不可分的。

图 7-37 流亡者花园

图 7-38 立柱与立柱之间狭斜空间

图 7-39 人面

图 7-40 犹太人的传统草药

本 / 章 / 小 / 结

后现代主义产生于 20 世纪 60 年代末 70 年代初，在哲学、宗教、建筑、文学中均有充分的反映，它与现代主义有本质的区别，它的出现有其将定的历史、文化背景。后现代主义设计与解构主义也有着密切的联系，本章结合了柏林犹太人博物馆对后现代风格进行了详细地分析。

思考与练习

1. 后现代主义最早由谁提出？

2. 后现代主义建筑有哪些代表？

3. 查阅相关资料，简要叙述现代主义与后现代主义区别。

4. 解构主义建筑的核心是什么？举一建筑做简要说明。